教育部人文社会科学研究西部和边疆地区项目（项目编号：15XJC630001）
四川省高校人文社会科学重点研究基地——系统科学与企业发展研究中心项目（项目编号：Xq15B09）
四川省教育厅青年项目（项目编号：14ZB0014）

建设工程项目风险损失控制理论与实践研究

Jianshe Gongcheng Xiangmu Fengxian Sunshi Kongzhi Lilun Yu Shijian Yanjiu

甘露 著

图书在版编目(CIP)数据

建设工程项目风险损失控制理论与实践研究/甘露著.—成都:西南财经大学出版社,2016.9
ISBN 978-7-5504-2466-1

Ⅰ.①建… Ⅱ.①甘… Ⅲ.①建筑工程—工程项目管理—风险管理—研究 Ⅳ.①TU7

中国版本图书馆 CIP 数据核字(2016)第 137927 号

建设工程项目风险损失控制理论与实践研究

甘 露 著

责任编辑:何春梅
助理编辑:魏玉兰
封面设计:杨红鹰 张姗姗
责任印制:封俊川

出版发行	西南财经大学出版社(四川省成都市光华村街 55 号)
网　　址	http://www.bookcj.com
电子邮件	bookcj@foxmail.com
邮政编码	610074
电　　话	028-87353785 87352368
照　　排	四川胜翔数码印务设计有限公司
印　　刷	四川五洲彩印有限责任公司
成品尺寸	170mm×240mm
印　　张	12.5
字　　数	205 千字
版　　次	2016 年 9 月第 1 版
印　　次	2016 年 9 月第 1 次印刷
书　　号	ISBN 978-7-5504-2466-1
定　　价	88.00 元

前　言

建设工程项目是在一定的建设时期内，在人、财、物等资源有限的约束条件下，在预定的时间内完成规模和质量都符合明确标准的任务。项目具有投资巨大、建设期限较长、整体性强、涉及面广、制约条件多以及固定性和一次性等特点。所有建设工程项目都会经历耗时的开发设计和繁杂的施工建造过程，通常具有项目决策、设计准备、设计、施工、竣工验收和使用等项目决策和实施阶段。因此，建设工程包含着大量的风险。项目从启动伊始就面临着复杂而多变的情况。通常，建筑业的项目涉及从最初的投资评价到建成并最终投入使用的复杂过程。而这一过程往往受到诸多不确定因素的影响，使得整个项目都始终处于高风险的环境当中。

早在 1992 年，学者们就讨论了建设中的不确定性。不确定性意味着风险的存在。对于风险的定义，众多领域的理论学家和实践工作者对其一直没能达成共识，无法给出一个统一的概念。但在风险管理中，风险的定义一般可以分为两类：强调不确定性和强调损失。如果风险存在，那么人们至少面临两种可能的结果，且无法预知最终会出现哪种结果，是为不确定性；出现风险的同时，意味着损失的存在，也就是说会有不如人意的后果出现。损失并不一定都是经济方面的，也可能是社会、政治、环境等方面的。在一般情况下，风险可以理解为实际结果与预期结果的偏离，即实际的结果与人们主观希望或者客观计算的结果不一致。当然，偏离可分为朝有利的方向偏离和不利的方向偏离两种，而需要进行管理和控制的风险则是出现了不利偏离的情况。

自 20 世纪 90 年代起，风险识别、风险分析及风险控制等风险管理技术开始应用于建筑行业，在对建设工程项目所包含的大量风险进行控制的过程中发挥了重要的作用。项目管理这样复杂的过程中涉及诸多不同组织、人员和环节，且受到大量外界及不可控制因素的影响。所以，项目的决策和实施是经济活动的一种形式，其一次性使得它较之其他一些活动所面临的不确定性更大。因此，建设工程项目的风险的可预测性也要差得多，而且建设工程项目一旦出现了问题，就很难进行补救，或者说补救所需付出的代价就更高。建设工程风险源自复杂运作的内外系统，这使得控制风险损失的决策具有多目标性和多层次性的特点。因此，在不确定性影响下，综合考虑复杂的决策环境控制项目的风险，减少或者避免损失，对于有效管理项目进度、合理配置工程资源、积极应对自然和环境灾害对建设的影响、保证工程安全高效运作具有重要的现实意义。

在建设工程项目风险损失控制管理中，不确定性普遍存在，很多现象均可以由“随机”和“模糊”来描述和表达。工程在进行过程当中面临多种不可预见的情况，例如建设环境、气候状况、人工技能和材料设备等都可能影响工程的进度。这些项目中的不确定性会影响工程的最终工期，导致误工等损失，是重要的风险因素。因此，运用数学语言来表达项目信息可以帮助人们更为方便地描述风险，同时能在此基础上，利用成熟的数学理论和知识处理这些“不确定”，保障项目风险控制与管理的可操作性和有效性。

总之，不确定性以及随之而来的高风险是建设工程项目管理问题的基本特点。灵活采用风险管理的技术和方法来控制项目的损失，能够更加真实地反映建设工程项目风险的情况，从而更有效地实现控制损失的目标。本书将基于已有的研究成果，以风险损失理论—实践应用—相关定义、定理及程序等为框架展开，综合不确定性理论和风险损失控制技术方法为建设工程项目风险管理问题进行较为系统和深入的研究。

本书的出版得到教育部人文社会科学研究西部和边疆地区项目、四川省高校人文社会科学重点研究基地——系统科学与企业发展研究中心项目及四川省教育厅青年项目的基金支持。全书由甘露策划、主笔、统稿和校稿。许弟容、胡琳参与了理论篇第 1 章至第 3 章及附录篇的部分编写工作。王立、蒋彭燕、李中琴、黎安聪、龙美西等对本书内容的组织、整理做出了贡献。在此对他们一并致以衷心的谢忱。
书中尚存不详、不妥之处，敬请读者指正。

甘　露

四川农业大学建筑与城乡规划学院

2016 年 7 月

目　录

理论篇

实践篇

理 论 篇

第一章　风险管理概述

[海尔公司总裁张瑞敏在谈到海尔的发展时感叹地说，这些年来他的总体感觉可以用一个字来概括——惧。

他对“惧”的诠释是“如临深渊，如履薄冰，战战兢兢”。他认为市场竞争太残酷了，只有居安思危的人才能在竞争中获胜。]

——体现了国际知名企业的风险管理意识

第一节　风险的概念

风险由来已久，自从有了人类，便有了风险，这是一种长期存在于人类历史上的客观现象。风险无处不在，渗透在人们政治、社会、经济生活的方方面面。

一、概念

人们在生活中，时常面临着大大小小和各式各样的“威胁”，无时无刻不在“冒险”，比如诸种天灾人祸，地震、风暴、火灾、交通事故、通货膨胀和施工事故等。普遍存在的风险，使得“风险”一词及相关字眼使用得非常广泛，成为各类媒介宣传和人们谈论中被提及得颇频繁的词语。人类对于风险的关注历史悠久，根据史料记载，人们对于风险的普遍性早就有了朴素的认识。在我国夏朝后期就有了“天有四秧，水旱饥荒，其至无时，非务积聚，何以备之”的描述。由于风险普遍存在且其与人们切身利益息息相关，对风险理论的研究从未中断。学者们期望通过了解风险的本质和特征，能够采取有效的方法来识别风险，控制风险，减少乃至避免风险损失，以庇护人们生活的安全幸福、社会经济的进步和稳定。

风险的定义最早是由美国学者 Wheatley（惠特利）提出的，他认为风险是关于不愿意发生的事件发生的不确定的客观体现。然而迄今为止，关于风险的定义，学术界尚无统一的认知。近一百年来，人们不断从多个角度提出对风险的诠释，综合形成比较能够为人们所接受的定义。本书提炼总结为：风险是指损失的不确定性。

首先，风险源自环境的不确定性。譬如对于未来天气的变化，人们往往无法准确预知，从而无法提前做好应对措施，由此面临庄稼收成被恶劣天气影响的风险。不确定性的存在是一个客观的现实，不以人的主观意志为转移，也正是因此，人们才会竭尽全力地去认知风险、了解风险、控制风险。国内外有学者通过总结，把不确定性的主要表现归集为两种基本形式：随机、模糊。随机现象，是指因为事件发生的条件不充分，使得条件与结果之间没有决定性的因果关系。如：以同样的方式抛置硬币，硬币落地后却可能出现正面向上，也可能出现反面向上的现象；走到某十字路口时，可能正好是红灯，也可能正好是绿灯。模糊现象，是指一个对象是否符合这个概念难以确定，在质上没有明确含义，在量上没有明确界限，如："情绪稳定"与"情绪不稳定"，"健康"与"不健康"，"年轻"与"年老"。当然现实世界中存在的广泛而又复杂多变的不确定形式，也会出现多种不确定混合，甚至有双重乃至多重不确定的情况。这就使得人们所面临的风险来源愈加复杂。

其次，风险必须有损失的存在。这里是指非计划的、非主观愿意的价值减少。"价值"通常指"经济价值"，常以货币来衡量。例如股票的亏损，它就满足了"经济价值的减少"和"非主观愿意"的条件，所以炒股是一种风险。再如暴雨天气下道路湿滑，导致车祸发生，造成人员伤亡、财产损失，这就是"社会价值"和"经济价值"都减少，并且不是"计划内"人们"主观愿意"发生的，由此可以说暴雨天气是一种风险。当然固定资产的折旧，它满足了"经济价值"减少这个条件，但由于它是有计划的和预期可知的经济价值的减少，因此不满足风险的所有条件，故不能称其为风险。

综上所述，可以把风险定义为：

风险值=风险发生的不确定程度×风险的损失后果

$$R=U\times S \tag{1-1}$$

也可以把风险定义进一步细化为：

风险值=风险发生的不确定程度×风险的严重程度×风险的可监测程度

$$R=U\times S\times D \tag{1-2}$$

根据以上定义，风险由风险事件出现的不确定程度与其损失后果（或损失后果的严重程度与风险的可监测程度）组成。那么与风险密切相关的概念就是风险事件和可能的风险因素，因此可以把风险诠释为风险因素可能引发的风险事件或会造成的一系列后果和损失。

二、分类

风险可以按照不同的标准来分类，应针对不同风险的实际采取不同的处置措施，实现把控风险的目标。整合国内外现有的主流观点，风险一般有如下几种类型。

1. 按风险的存在性质分类

客观风险：实际结果与预测结果之间的相对差异和变动程度，是客观存在的、可观察到的、可测量的风险。

主观风险：由精神和心理状态引起的不确定性，由人们心理意识确定的风险。

2. 按风险的产生原因分类

自然风险：由自然力的非规则运动（即自然界的不可抗力）而引起的自然或物理现象导致的物质的损毁和人员伤亡，如地震、风暴、洪水等。

社会风险：由于人们所处的社会背景、秩序、宗教信仰、风俗习惯及人际关系等的反常所造成的风险，如战争、罢工等。

政治风险：由于政治方面的各种事件和原因而导致的意外损失，如因政局和政策的变化引起投资环境恶化，致使投资者蒙受损失。

经济风险：由于市场预测失误、经营管理不善、价格波动、汇率变化、需求变化和通货膨胀等因素导致经济损失的风险，如股市暴跌引发的亏损。

技术风险：由于科学技术发展的副作用带来的各种损失，如新技术不成熟造成的安全事故。

行为风险：由于个人或团体的行为不当、过失及故意而造成的风险，如抢劫、盗窃等。

3. 按风险的对象分类

财产风险：财产发生损毁、灭失和贬值的风险，如厂房、设备、住宅、家具因自然灾害或意外事件而遭受损失。

人身风险：由生、老、病、死等人生中不可避免的必然现象给家庭和经济实体带来的损失，如人的疾病、伤残、死亡等。

责任风险：由团体或个人违背法律、合同或道义的规定，形成侵权行为，造成他人的财产损失和人身伤害的风险，如根据法律或合同的规定，雇主对其雇员在从事工作范围内容的活动中，造成身体伤害所承担的经济责任，即形成责任风险。

信用风险：权利人与义务人在交往中由于一方违约或犯罪而对对方造成的损失的风险，如不按合同支付工程款的违约风险。

4. 按风险的性质和环境分类

静态风险：又称纯粹风险，是指风险结果只有损失的可能而无获利的机会。静态风险的变化较有规则，会重复出现，通常服从大数定律，因为较有可能对其进行预测。

动态风险：又称投机风险，是指既有损失可能又有获利机会的风险。动态风险远比静态风险复杂，多为不规则的、多变的运动，很难进行预测。

5. 按对风险的承受能力分类

可接受风险：预期的风险事件的最大损失程度在单位或个人经济能力和心理承受能力的最大限度之内。

不可接受风险：与可接受风险相对应，风险事件的损失已超过单位或个人承受能力的最大限度。

6. 按风险涉及的范围分类

局部风险：是指在某一局部范围内存在的风险。

全局风险：是指一种涉及全局，牵扯面很大的风险。

7. 按风险的控制程度分类

可控风险：人们能比较清楚地确定形成风险的原因和条件，能采取相应措施控制发生的风险。

不可控风险：由不可抗力而形成的风险，人们不能确定这种风险形成的原因和条件，表现为束手无策或无力控制。

8. 按风险的预期程度分类

轻度风险：一种风险损失较低的风险，即便发生危害也不大。

中度风险：介于轻度风险和重度风险之间的风险，一旦发生，危害较大。

重度风险：一种危害极大的风险，也称严重或高度风险。

9. 按风险存在的方式分类

潜在风险：一种已经存在风险事件发生的可能性，且人们已经估计到损失程度与发生范围的风险。

延缓风险：一种由于有利条件增强而抑制或改变了风险事件发生的风险。

突发风险：由偶然发生的时间引起的人们事先没有预料到的风险。

10. 按风险责任承担的主体分类

国家风险：有国家作为风险承担者的风险。

企业风险：企业在进行经营活动中遇到的由企业承担的风险。

个人风险：由个人承担的风险。

第二节　风险管理的程序

一、概念

风险管理一词发源于美国，最早是在1930年美国管理协会发起的一次保险问题会议上被提出的。对风险管理的系统研究出现在20世纪60年代。1963年，Mehr和Hedges讨论了企业的风险管理，随后，Williams和Heine出版的《风险管理和保险》（*Risk Management and Insurance*，已相继出版多个版本），在欧美地区引起了普遍重视。书中指出，风险管理是通过对风险的识别、衡量和控制而以最小的成本使风险所致损失达到最低程度的管理办法，从此对风险管理的研究渐趋系统化、专门化。迄今，风险管理的应用已渗透到社会经济生活的各个领域，为人们所普遍接受，并得到了广泛地研究和应用。

二、程序

风险管理是一种目的性很强的工作，它的最主要目标是处置风险和控制风险，防止和减少损失，以保障社会生产及各项活动的顺利进行。风险管理的先驱詹姆斯·奎斯提指出“风险管理是企业或组织控制偶然损失的风险，以保全盈利的能力”。可见通过有效的风险管理希望实现的是：①降低意外损失；②维持组织正常运作；③提高价值效益。因此，为了有效地管理一个组织的资源和活动以实现风险管理的目标，需要应用一般的管理原则并以合理的成本尽可能减少风险损失及其对所处环境的不利影响。如图 1.1 所示，风险管理的一般过程遵照风险识别—风险评估—管理决策—提出相应的管理建议和实施措施来进行。

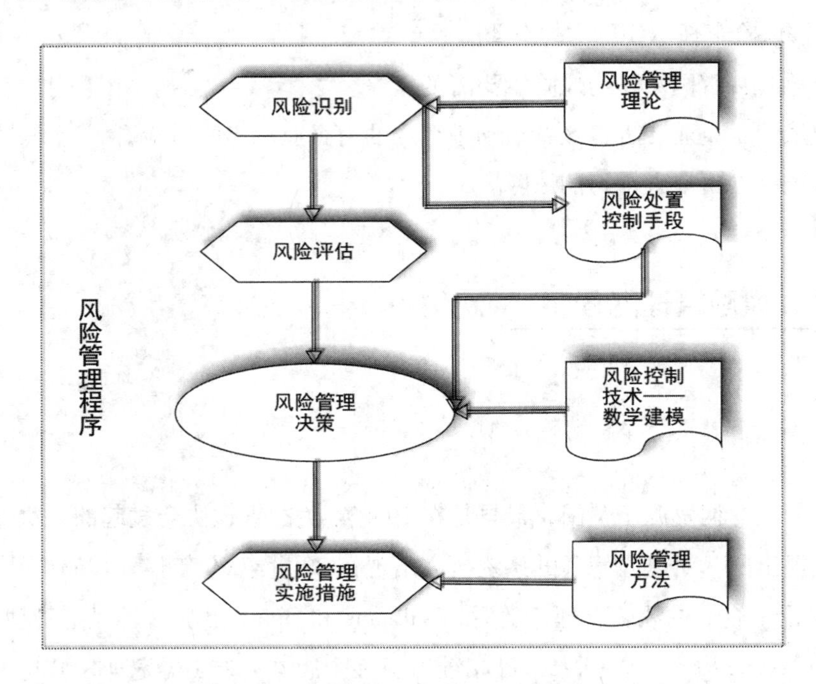

图 1.1　风险管理的一般过程

1. 风险识别

研究讨论一种特定的风险，首先要对该风险有充分的认识，然而这并非一个一蹴而就的简单过程。对于众多风险，不同的风险主体所关注的都不尽相同。因此，讨论哪种或者哪几种风险的损失控制，应该基于一定的考量而有所选择。在确定了风险探讨的角度后，就需考虑风险的来源，以及相应产生的值得注意的风险因素，由此逐步通过辨识、分析和定义确定需要讨论的风险。在这个过程中，风险管理的理论可以为我们提供指导和依据。识别了特定的风险，选取什么样的处理和控制手段就显得很重要，因为不一样的风险，需要采用的手段也是有区别的。

2. 风险评估

识别了风险，为了方便进一步的风险决策，基于对其风险型的分析和不确定性的定义，必须对其具体的分布规律进行估计，例如用随机变量描述的风险的概率分布，用模糊变量表示的风险的隶属度函数形式，以及双重不确定变量的不确定规律等。在这方面已有很多成熟的技术方法可供借鉴。

3. 风险管理决策

这是为了能够提出具体风险管理建议和实施措施所需进行的必要的一步。决策实际上是在一定的条件限制下，按照某些准则，利用相应的技术方法选择制订出管理方案。事实上，面对多种风险，每种风险都可能有许多可行的决策技术方法，选择最为合适的应对办法是很必要的。在这方面，鉴于数学工具对于风险描述的全面性和准确性，以及模型技术对于解决风险处理和控制问题的优越性，可以考虑选用适当的数学模型来进行风险决策建模，比如常用的随机规划、动态规划和二层规划等几种优化技术。

4. 风险管理实施措施

风险管理的最终结果需要根据决策的结果，得到相应的管理建议和实施措施。管理决策的结果可能并不能完全转化为可直接操作的措施，这个时候，就应该从风险管理的方法中寻求相应的指导。

第三节　风险管理的方法

风险普遍存在，看待风险的角度不同、利益关系不同、风险主体不同，对于风险的关注也就不尽相同，所采用的管理方法也不尽相同。在过去的 20 多年里，与风险识别、风险评估以及风险决策、管理实施及风险监控相关的风险管理方法在很多行业中得到了很好的应用，研究成果丰硕。整合国内外现有的主流观点，针对风险管理的一般程序，本书集中介绍几种常用的风险管理方法。

一、风险识别

风险管理首要的关键步骤就是风险识别。风险识别是风险主体逐渐认识自身所面对风险的一个过程。具体来说，这个过程就是对风险构成中的风险来源、风险因素、风险特征及可能造成的后果进行全面的定性描述。它是风险管理的基础性工作，为后面的风险评估提供必要的信息，使其更具有效率。常用的风险识别方法有头脑风暴法、德尔菲法、情景分析法、事故树分析法、事件树分析法、工作风险分解法等。

1. 头脑风暴法

头脑风暴法也即是所谓的“集思广益”，一般由五六个人采取小组开会的形式，通过充分发挥参与人员的积极性和创造力，以获得尽可能多的设想。这种方法应用于风险识别，需要主持人就待讨论的议题提出能促使参与者急需回答的问题，激发“灵感”，通过集体的组合效应，攫取更多丰富的信息，使得预测和识别的结果更为准确。头脑风暴法操作简单可行，已得到广泛的重视和采用，但使用它时需注意以下问题：

（1）谨慎地选择人员。参会人员应是熟悉问题、了解风险的专家；主持人应有较强的逻辑思维能力、较高的归纳力和较强的综合能力。

（2）具备明确的会议议题。待讨论的议题必须是能为参会者充分理解和把握的。

（3）充分的轮流发言。无条件接纳任何意见，并充分展示每条意见。

（4）可循环的发言过程。如果专家意见不收敛，可以通过反复咨询、搜集、整理意见，逐步实现意见的趋同。

（5）综合的意见总结。要求主持人能够提炼综合各轮讨论的意见，以求最终结果。

2. 德尔菲法

德尔菲法是具有广泛的代表性，较为可靠并具匿名和收敛特性的用以集中众人智慧预测风险的方法。应用这种方法识别风险时，主要考虑专家意见的倾向性和一致性。当然也要充分考虑专家意见的相对重要性，也就是说由于不同专家的知识结构和对问题的了解程度不同，各自意见的重要性也不尽相同。此时可以通过加权系数来解决。其中需要注意以下问题：

（1）德尔菲法的使用须采用匿名发表意见的方式，即专家之间不得相互讨论，不发生横向联系。

（2）应通过多轮次收集调查专家对所提问题的看法，并反复征询、归纳、修改核心内容，最后汇总成基本一致的意见，作为预测和识别风险的依据。

3. 情景分析法

情景分析法是通过有关数字、图标和曲线等，对未来某个状态进行详细地描述分析，从而识别引起系统风险的关键因素及其影响程度的一种风险识别方法。它注重说明出现风险的条件和因素以及因素有所变化时，连锁出现的风险和风险的后果等。一般而言，情景由四个要素构成，即最终状态、故事情节、驱动力量和逻辑。建设工程项目环境风险情景分析法应用如图 1. 2 所示。

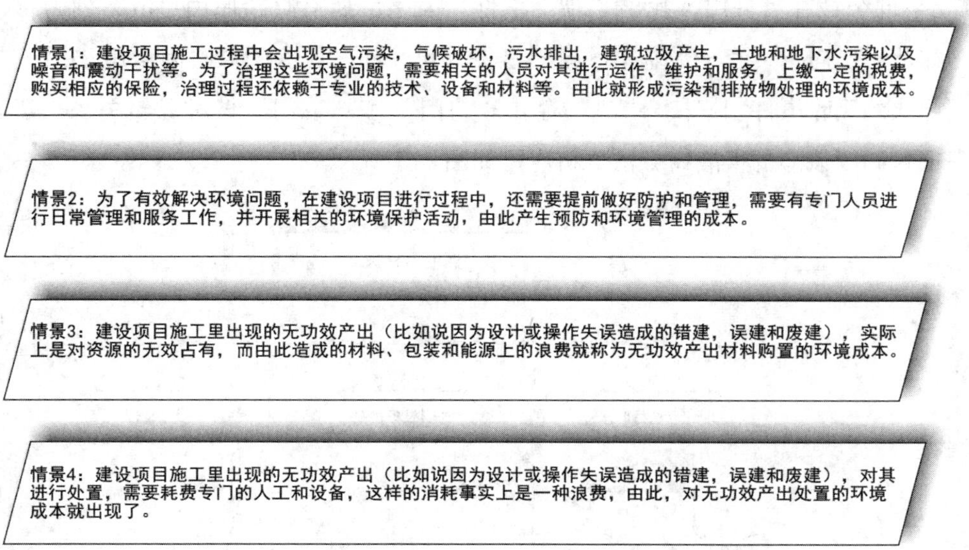

情景1：建设项目施工过程中会出现空气污染，气候破坏，污水排出，建筑垃圾产生，土地和地下水污染以及噪音和震动干扰等。为了治理这些环境问题，需要相关的人员对其进行运作、维护和服务，上缴一定的税费，购买相应的保险，治理过程还依赖于专业的技术、设备和材料等。由此就形成污染和排放物处理的环境成本。

情景2：为了有效解决环境问题，在建设项目进行过程中，还需要提前做好防护和管理，需要有专门人员进行日常管理和服务工作，并开展相关的环境保护活动，由此产生预防和环境管理的成本。

情景3：建设项目施工里出现的无功效产出（比如说因为设计或操作失误造成的错建，误建和废建），实际上是对资源的无效占有，而由此造成的材料、包装和能源上的浪费就称为无功效产出材料购置的环境成本。

情景4：建设项目施工里出现的无功效产出（比如说因为设计或操作失误造成的错建，误建和废建），对其进行处置，需要耗费专门的人工和设备，这样的消耗事实上是一种浪费，由此，对无功效产出处置的环境成本就出现了。

图 1. 2　建设工程项目环境风险情景分析法应用

由图 1. 2 中可以看到，从环境成本的角度出发，一共形成了四种情景，分别从最终状态、故事情节、驱动力量和逻辑来描述了建设工程项目环境风险可能形成的成本和造成的损失。这四种成本分别是污染和排放物处理成本、预防和环境管理成本、无功效产出材料购置成本和无功效产出处置成本。通过情景的描述，可以发现建设工程项目施工过程中可能出现的空气污染、气候破坏、污水排出、建筑垃圾产生、土地和地下水污染以及噪音和震动干扰等是造成环境被破坏的直接因素，同时无功效产出所造成的对资源的无效占有和浪费，间接影响了环境。为了防治环境污染，有必要对其进行相关的管理。这些因素的发生是不确定的，但都可能会形成成本的支出，从而带来损失，所以这些都是环境风险的因素。

4. 事故树分析法

事故树分析法又名故障树分析法，简称 FTA，主要以树状图的形式表示所有可能引起主要事件发生的次要事件，揭示风险因素的聚集过程和个别风险事件组合可能形成的潜在风险事件。事故树分析法是从结果到原因找到与事件损失有关的各因素之间的因果关系和逻辑关系的作图分析法，是一种执果索因的思维方式。

编制事故树通常采用演绎分析的方法，把不希望发生的且需要研究的事件作为“顶上事件”放在第一层，找出“顶上事件”发生的所有直接原因事故，列为第二层。如此层层向下，直至最基本的原因事件为止。同一层次的风险因素用“门”与上一层次的风险事件相连接。“门”存在“与门”和“或门”两种逻辑关系。建设工程项目调度风险的事故树方法分析应用如图 1. 3 所示。

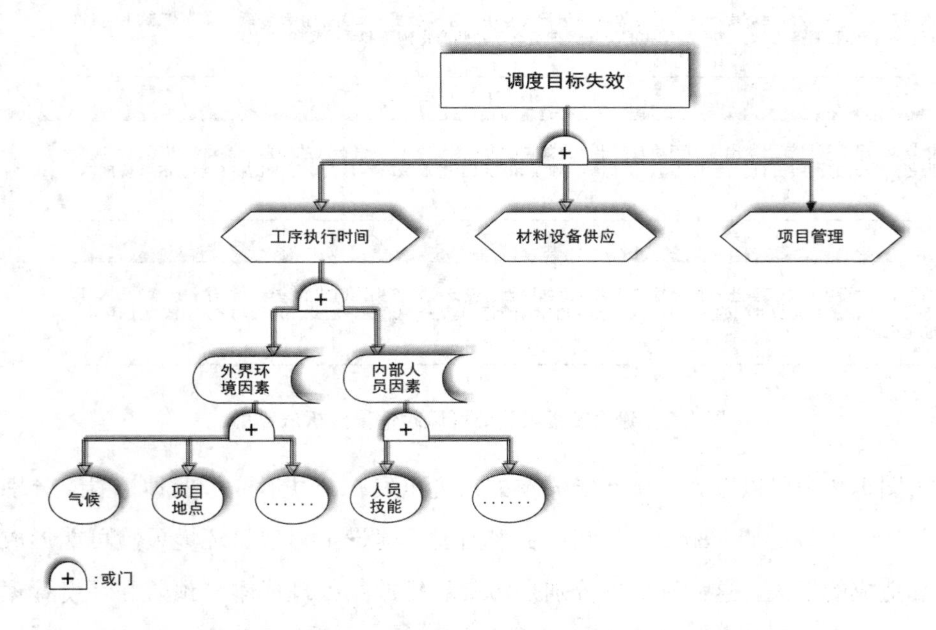

图 1. 3　建设工程项目调度风险的事故树分析法应用

由图 1.3 可以看到，如果调度安排的目标没有实现，出现了调度目标失效的情况，那么通过对整个项目系统的分析，可以逐步确定出事件发生的原因以及发生的逻辑关系。同时，可以确定调度目标失效为我们讨论的顶上事件，因为它的出现有一定的可能且会造成不良的后果。接下来，通过演绎分析，可以考虑造成此事件的直接原因为工序执行时间没能达标、材料设备供应出现了问题、项目管理不当。这些因素与顶上事件是用“或门”连接，表明因素之间是“或”的关系，即是说如果这些因素之间有一个发生了，顶上事件就能发生。在这些直接因素当中，导致调度目标失效的最为关键的因素就是各个工序的执行时间，正是因为各个工序的相继完成，最终才能在目标要求的时间内完成整个项目。可以看到，影响各工序执行时间的因素主要有两个方面：一为外界环境因素，二为内部人员因素。这两个方面同样也是“或”的关系，也就是说，它们都有可能造成工序执行时间超出预定范围。具体来说，一方面外界环境可能包含有气候、项目地点环境和其他的一些因素，当然每种因素都有引发外界环境出现意外问题的可能。而内部人员因素可能是因为人员技能的欠缺等原因出现操作上的失误。可以看到导致工序完成时间超标的因素有很多，而且具有层次性，任何一层或者一个因素出现问题，都能致使工序无法按期完成，进而影响调度安排目标的实现。另一方面，材料设备的供应不足或者供应不及时也会影响调度目标的完成，这一点主要是由于采购的环节出现了问题。关于管理方面可能出现的问题，实质上就是项目人员方面的问题，这一点在工序执行时间上也有所体现，而对于调度目标失效出现原因的讨论，应该从其最为主要和关键的因素出发来把握。可以发现，在调度安排中出现了意外事故，致使目标没法实现时，主要是因为工序执行时间这个关键因素出现了问题，也就是说调度风险的主要来源因素即为工序执行时间。当然这样一个风险因素的来源可能有多个方面，有多种风险源都可能造成调度风险的出现。那么对于调度风险的损失控制，就应该从控制工序执行时间这个因素出发。

5. 事件树分析法

事件树分析法是一种从原因到结果的过程分析，简称 ETA，可以说是和事故树分析法相匹配的逆向思维模式。它利用逻辑思维的规律和形式，分析事故的起因、发展和结果的整个过程，分析引发风险事故的各环节事件是否能够出现，从而预测可能出现的各种结果。主要通过确定或寻找可能导致系统重要后果的初因事件，再进行分类，构造事件树，通过进行事件树的简化和事件序列的定量化来完成对风险的识别。

利用事件树来分析事故，不但可以掌握事故过程规律，还可以识别导致事故的危险源。建设工程项目地震风险的事件树分析应用如图 1.4 所示。

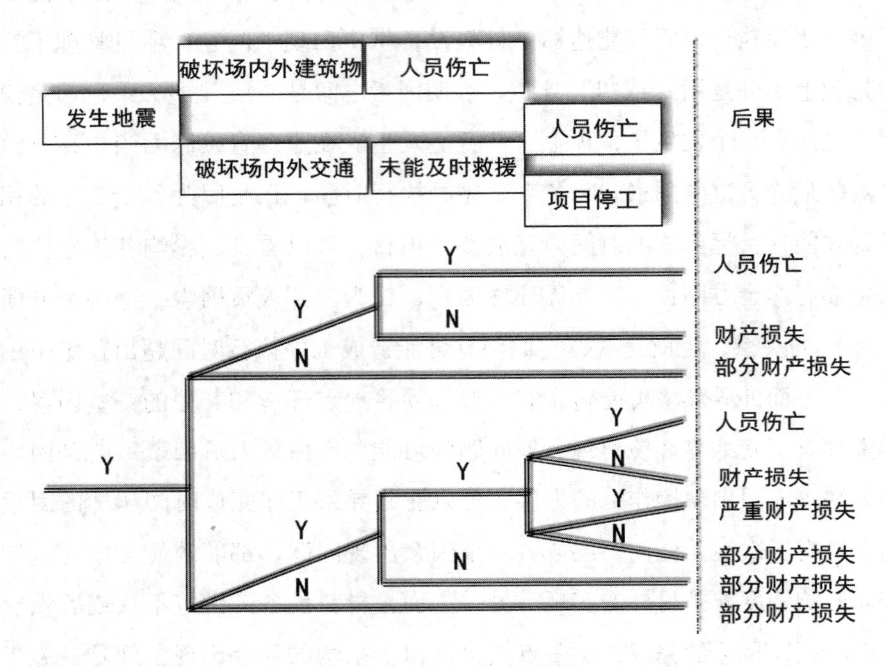

图 1.4　建设工程项目地震风险的事件树分析应用

地震风险最为可怕之处在于其对地面建筑结构的破坏，这样的破坏不仅仅带来经济损失，更为严重的是会造成建筑结构内部和周边人员的人身伤害。从图 1.4 可以看到当建设工程项目遭遇地震时，最为直接的影响就是会对项目场内外建筑物和交通网络设施造成破坏，由此不仅会引发人员伤亡和财产损失，更令人担忧的是，如果一旦建设工程项目的场内外交通被破坏，将严重影响震后的救援行动。这样的影响一方面体现在因为救援行动的滞后，伤员得不到及时的救治导致病情加重，同时后续而来的余震还有可能引发更多的伤亡。当然，如果灾害同时造成了空气、水和土地等资源的破坏污染，还有可能会引起大面积的疫病灾害，使得本身就伤痕累累的震区面临更加严峻的考验。另一方面体现在，建设工程项目，尤其是国家和地区的重点大型建设工程项目，如果震后救灾不及时，就会造成一些基础性的设施、设备和材料等得不到抢修和补充，这将直接导致项目无法尽快恢复施工，产生不可预计的严重损失。因此，地震对建设工程项目造成损害，最直接的表现就是破坏。地震所带来的破坏具有严重的后果，而且由于地震的难以预测性，加之不同的建筑结构在遭遇地震时，抗震能力的不同，其破坏的程度也不尽相同，所以破坏有着很强的不确定性。由此，可以把破坏识别为地震风险最为重要的风险因素之一。

6. 工作风险分解法

工作风险分解法又称 WBS-RBS 法，是将工作分解构成 WBS 树，将风险分解形成 RBS 树，然后将工作分解树和风险分解树进行交叉，从而得到 WBS-RBS 矩阵来进行风险识别的方法。它的研究和应用很广泛，尤其是在风险识别中应用尤为悠久和普遍。用 WBS-RBS 法识别风险，首先要进行工作分解，这主要是根据风险主体与子部分以及子部分之间的结构关系和工作流程来进行的。建设工程项目采购风险的工作风险分解法分析应用如图 1.5 所示。

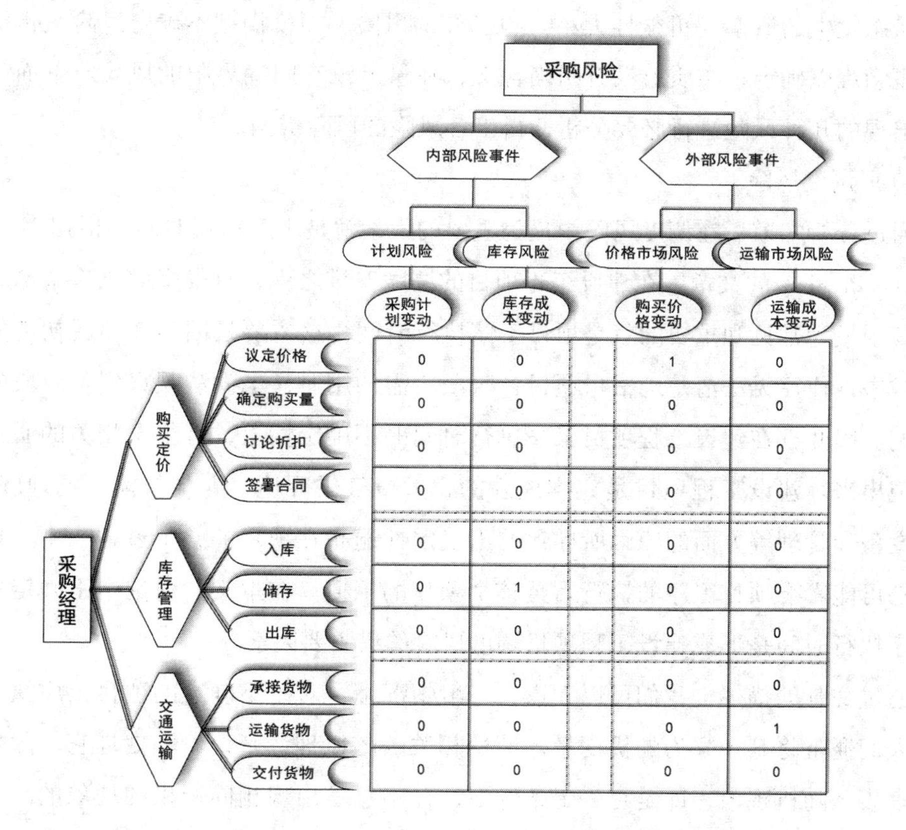

	采购计划变动	库存成本变动	购买价格变动	运输成本变动
议定价格	0	0	1	0
确定购买量	0	0	0	0
讨论折扣	0	0	0	0
签署合同	0	0	0	0
入库	0	0	0	0
储存	0	1	0	0
出库	0	0	0	0
承接货物	0	0	0	0
运输货物	0	0	0	1
交付货物	0	0	0	0

图 1.5　建设工程项目采购风险的工作风险分解法分析应用

可以从建设工程项目采购风险的WBS-RBS识别矩阵判断，采购风险最主要的风险因素在于购买价格变动、库存成本变动和运输成本变动。

通过各种风险识别方法的使用，可以有效地对主要风险因素进行识别，为进一步的风险评估提供依据，并据此提出相应的风险管理手段。在前面的分析中，本书分别以典型的建设工程项目为示例，展示了有针对性的风险识别方法的应用，并识别出环境风险、调度风险、地震风险和采购风险。为了进一步明确这些风险的性质，通常情况下，还需基于各风险的主要因素详细分析其风险类型，以便于进行风险的估计。一般来讲，风险的类型分为确定型和不确定型，而根据风险不确定性的主要体现形式不同，又可细分为随机型不确定和模糊型不确定。确定型风险是指那些很有可能出现的风险，基本上可以视为是确定发生的，而其后果可以依靠精确、可靠的信息资料来预测。随机型不确定风险是指，不但它们出现的各种状态已知，而且这些状态发生的概率（可能性大小）也已知的风险。而模糊型不确定风险是指那些出现概念难以确定，在质上没有明确含义，在量上没有明确界限的风险。下面就示例中出现的几种风险进行必要分析，得出各风险的风险类型。

（1）调度风险

通过分析知道，在调度风险中最为重要的因素就是工序执行时间。根据Mulholland和Christian的文章，在建设工程项目的调度安排之中，有很多的风险来源和因素，其中最为常见和重要的就是项目工序执行时间。这主要是因为在项目初期的计划安排中，往往无法清楚地估量项目各阶段所需的用时，也没法观察到各阶段的相互影响。因此，在建设工程项目工序执行时间的不确定性上，有很多相关的研究理论涌现出来。建设工程项目是充满风险的，大量气候环境、人员技能、场地环境、材料设备和管理等方面的原因所导致的不确定性遍布在项目的整个过程当中。这些因素都可能影响项目工序的执行乃至整个项目的工期。在本文的讨论中不确定的项目工序执行时间是形成建设工程项目调度风险的最主要因素。

通过文献的描述，我们可以知道，一般情况下，对于不确定的项目工序执行时间，人们通常将其观察为随机变量，使用相关的随机理论来讨论和处理它。随机变量用来表示随机现象，即是在一定条件下，并不总是出现相同结果的现象的一切可能出现的结果的变量。这一点是很容易理解的，比如说一个项目工序的执行可能因为气候原因，例如雨雪、冰雹和雷电等造成暂时搁置和停止，而这些气候现象的出现是随机的，因此导致了工序执行时间的随机性。

作为调度风险的最主要风险因素，项目工序执行时间具有随机性，因此可以用它来描述出调度风险的风险类型，即是说调度风险是随机型的风险。

（2）采购风险

建设工程项目的采购环节涉及购买定价、库存管理和交通运输等一系列的工作，在各个工作任务中又有可能会出现很多的不确定性。在 Mulholland 和 Christian 的文章中提到，采购中的不确定性是另外一个建设工程项目中常见的风险来源。在以往的研究中，Taleizadeh 等人讨论了材料采购中的不确定因素。对于项目采购而言，事实上，在采购彻底完成之前，采购经理都无法准确地把握供应商的行为。所以很难用已知的数据来准确描述整个采购过程，这就导致了不确定的发生，从而引发了风险。因此，在本书中，根据实际采购当中的不确定性，将那些采购里所涉及的不确定因素（例如购买价格变动、库存价格变动和运输价格变动等）视为采购风险的风险因素。

由于采购过程中缺乏足够的数据来分析其详细过程，那些难以用已知的数据来描述的因素，导致了整个采购环节处于不确定、不清楚或者不清晰的状态。这样的情形通常被描述为“模糊”的。在以往的研究中，采购中所涉及的不确定因素通常被考虑为模糊的，用模糊变量来描述，并采用相关的模糊理论来处理。模糊变量是基于模糊集理论提出的，是用来描述模糊现象的。这一点我们可以这样来理解。比如说在采购中，价格的变动通常是无法准确描述的，像“价格可能会涨到 100 元以上”“购买价不会超过 60 元”，这些描述都是模糊的，所以说采购环节中的不确定因素具有模糊性。

由于采购风险是因为各个不确定因素导致的，那么根据这些不确定因素的性质，可以说采购风险是模糊不确定型的风险。

（3）地震风险

地震对建设工程项目造成的最为直接的影响就是破坏，地震对项目中建筑物和交通网路设施的结构破坏是地震风险的重要因素。根据 Liu 等人的文章，对于一个出现的地震，一方面可以通过先进的结构分析技术和方法来测评其对建筑设施结构的破坏程度，通常将这样的破坏分为五个程度等级；另一方面，地震学的学者也对地震的发生概率尽量做出了一定程度上的预测。基于地震结构工程学和预测学的成果，结合两个领域的现有研究，Liu 等人给出了一个综合的对于地震破坏程度的预测描述。为了简单方便地讨论，他们同样将地震对于建筑结构的破坏分为了五个等级，分别对应于没有破坏到完全毁坏的程度，而且每个破坏的等级都有相应的发生概率。然后，在现实中，预测结果往往没有这么简单直白，破坏所属的等级经常没法通过简单的界定来准确描述其程度。比如说可能存在这样的说法：“对房屋或桥梁的可能破坏大概是属于第 3 级的。”这样的描述就是说，一个有着清晰概率分布的随机变量，它的观测结果是不清楚的。这样的不确定性是一种复杂的复合不确定情况。因此，采用地震对建筑结构的复合不确定性破坏来作为地震风险的风险因素。

对于复合不确定的地震破坏，可以用模糊随机变量来描述。模糊随机变量是一种常用来描述复合不确定性的数学变量，是一种复合了模糊和随机两种的不确定性。关于它的理论研究有很多，且在很多的领域都已得到了广泛的应用。建设工程项目地震灾害中，对于建筑结构的破坏能用模糊随机变量来描述的原因，可以通过图 1.6 的描述来详细解释。

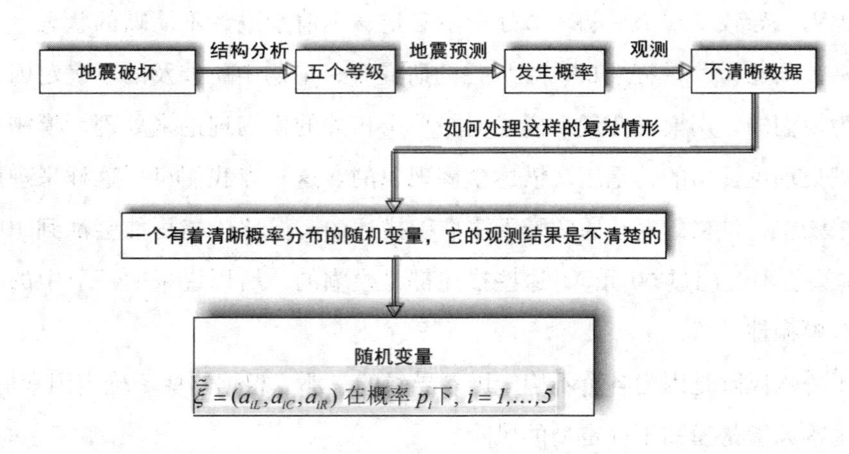

图 1.6　模糊随机地震破坏程度

由上图看到，可以用模糊随机变量来描述建设工程项目中地震灾害对建筑结构（包括项目场内外建筑物和交通网络设施）的破坏程度。也就是说，针对某个特定的地震区域，可以通过对相关数据的统计分析，得出各类建筑结构遭受地震破坏可能出现的程度等级以及相应的概率规律，再进一步探讨这个破坏等级观测结果的模糊性。这样的一种描述类似于 Shapiro 文中关于机动车撞击毁坏的描述，可以用如下的式子来表达：

$$\tilde{\tilde{\xi}}=(a_{iL},a_{iC},a_{iR})\text{(在概率 }p_i\text{ 下，}i=1,\cdots,5)$$

由于地震对建筑结构的破坏是地震风险的重要因素，所以通过对它的分析可得到地震风险的风险类型是模糊随机不确定型。

（4）环境风险

同地震对建筑结构造成的破坏类似，建设工程项目对环境破坏的程度也常常用五个等级来划分，分别描述的是从基本无破坏到严重破坏的程度。对于某种特定的建设工程项目，由于其建设施工的特征，对环境造成破坏的等级可能呈现出一定的规律性。也就是说，可以根据以往同类建设工程项目的历史数据预测出可能造成的环境破坏等级以及相应的概率规律。类似地，预测结果往往没有这么简单直白，破坏所属的等级经常没法通过简单的界定来准确描述其程度，例如，“该建设工程项目造成的可能环境破坏大概是属于第 IV 级的”。也就是说，一个有着清晰概率分布的随机变量，它的观测结果是不清楚的。这样的不确定性是一种复杂的复合不确定情况。因此，可以采用项目对环境的复合不确定性破坏来综合描述环境风险。当然也可以用模糊随机变量来表现这样的复合不确定性。

由于环境破坏程度与地震破坏程度的复合不确定性类似，所以在这里就不再对其具体的成因和变量描述进行赘述。由此也可以得到，环境风险是一种模糊随机不确定型的风险。

为了方便下一步的风险评估和风险损失控制建模，在对调度风险、采购风险、地震风险和环境风险的风险型分析的基础上，还应该对风险进行表示，即是用数学的语言对它们的不确定性进行定义，以规范操作和使用。

（1）调度风险

因为对建设工程项目调度安排建模将采用数学规划的形式来进行，那么对于随机的项目工序执行时间自然要用以数学语言表达的随机变量来表示。同时由于近年来对项目调度的讨论，一般都要考虑多个执行模式的情况。也就是说，项目中的各个工序会有多个不同的执行模式，对应于多个不同的执行时间。比如说，如果项目时间比较紧迫，各工序可能需要加紧实施，那么这个时候的执行时间可能就会比较短；相反，如果项目时间充裕，那么工序的执行时间就会相对较长。由此我们根据建设工程项目风险的性质结合所讨论实际情况可以定义建设工程项目调度风险的不确定性如下（用风险因素——项目工序执行时间来反映）：

【定义 1.1】如果建设工程项目调度安排中，工序 i，$i \in \{1, 2, \cdots, I\}$ 在模式 j，$j \in \{1, 2, \cdots, J\}$ 下的执行时间为 ξ_{ij}，那么 ξ_{ij} 就是建设工程项目调度风险的不确定性。

（2）采购风险

建设工程项目采购环节中的风险因素通过风险识别已确定为购买价格变动、库存成本变动和运输成本变动。在本书的讨论中，对于建设工程项目的采购环节只考虑需要定期采购的材料，至于需要在项目开始时就购置妥当，并长期使用的设备资源等，将在后面的风险损失控制建模中另行讨论，并将它们的购置成本等考虑到模型当中去。通过分析可以知道它们都可以用模糊变量来描述，那么用数学语言表达出来可以为：

$$\tilde{a} = (\tilde{ra}, \tilde{cc}, \tilde{ct})$$

$\tilde{ra}$：购买价格变动

$\tilde{cc}$：库存成本变动

$\tilde{ct}$：运输成本变动

那么可以定义建设工程项目采购风险的不确定性如下（用风险因素——购买价格变动、库存成本变动和运输成本变动来反映）：

【定义 1.2】如果建设工程项目采购环节中，用 $\tilde{a} = (\tilde{ra}, \tilde{cc}, \tilde{ct})$ 来分别表示购买价格变动、库存成本变动和运输成本变动，于是，我们根据建设工程项目风险的性质结合所讨论的实际情况，可知 $\tilde{a}$ 就是建设工程项目采购风险的不确定性。

（3）地震风险

建设工程项目中，地震对建筑结构的破坏被识别为地震风险的风险因素。在之前的分析中已经提到，可以用模糊随机变量来描述这个风险因素，可以表示为，这是一个复合了模糊和随机的不确定因素。具体来讲，这个模糊随机变量为为 $\tilde{\tilde{\xi}}_a = (a_{iL}, a_{iC}, a_{iR})$ 在概率 p_i 下，其中 $i = 1, \cdots, 5$。那么可以定义建设工程项目地震风险的不确定性为，用风险因素——地震破坏程度反映。

【定义 1.3】如果建设工程项目面临地震灾害威胁时，预测地震对于其场内外建筑物和交通网络设施的破坏程度为 $\tilde{\tilde{\xi}}$，那么根据建设工程项目风险的性质结合所讨论实际情况，$\tilde{\tilde{\xi}}$ 就是建设工程项目地震风险的不确定性。

为了方便理解这样一个模糊随机的建设工程项目地震风险不确定性，此处用一个例子来说明。对于一个建设工程项目的交通网络来说：一方面，地震对其可能造成的破坏分为 1、2、3、4、5 五个等级，分别表示从无破坏到完全毁坏的不同程度，它们都有相应的概率规律。另一方面，对于这些等级的观测结果可能是不清楚的，比如“大概为 1”，“大概为 3”等。如图 1.7，考虑这些模糊的表述用三角模糊集合来描绘，假定，五个破坏等级的概率分别为 0.1、0.2、0.3、0.3、0.1，那么这样的模糊随机变量可以表达如下式：

$$\tilde{\tilde{\xi}}_a=\begin{cases}(0,\ 1,\ 2)\ \text{with probability } 0.1\\(1,\ 2,\ 3)\ \text{with probability } 0.2\\(2,\ 3,\ 4)\ \text{with probability } 0.3\\(3,\ 4,\ 5)\ \text{with probability } 0.3\\(5,\ 6,\ 7)\ \text{with probability } 0.1\end{cases}$$

对于这样的用模糊随机变量描述的破坏可以用图 1.7 来形象具体地表示。

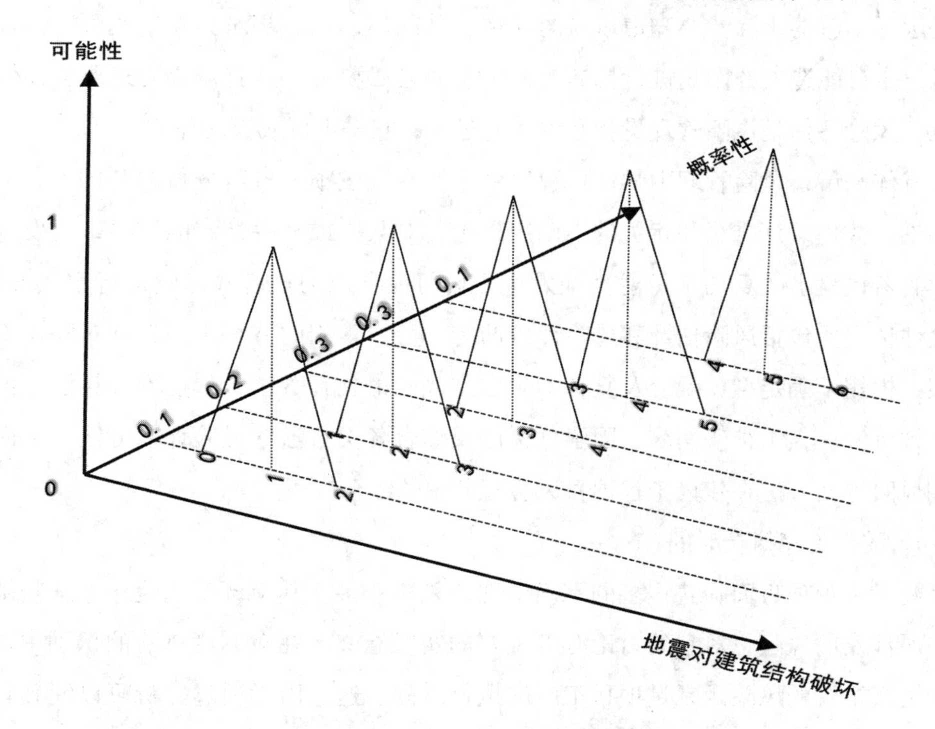

图 1.7　用模糊随机变量描述地震破坏程度

(4) 环境风险

同地震风险相似，采用建设工程项目对环境的破坏来综合描述环境风险，当然也可以用模糊随机变量来表现这样的复合不确定性。那么可以定义建设工程项目环境风险的不确定性如下（用风险因素——建设工程项目对环境的破坏程度来反映）。

【定义 1.4】在建设工程项目中，如果其对环境的破坏程度用模糊随机变量 $\tilde{\tilde{\zeta}}$ 来表示。由此，我们根据建设工程项目风险的性质结合所讨论实际情况，$\tilde{\tilde{\zeta}}$ 就是建设工程项目环境风险的不确定性。

二、风险评估

在被识别确认风险之后，就要进一步进行风险评估。风险评估就是要对识别出来的风险进行衡量和评价，为给之后的风险管理决策提供服务，从而将系统的风险损害减缓至最低并将其控制在可接受的范围内。

风险识别是整个风险管理的基础，它可以定性地辨别出潜在的风险，但仅仅这样是远远不够的，除了要知道风险的存在和其载体，进一步对其发生的可能性以及一旦发生可能造成的影响进行把握是非常重要且必要的。这就需要通过风险评估来完成，风险评估是风险管理量化和深化的过程，它是不可或缺的环节。

具体来讲，风险管理中的评估程序就是要在过去损失资料分析的基础上，运用概率论、数理统计方法和相关的不确定理论，对某一或某些特定的风险事故发生的规律和若风险事故真的不可避免地发生之后可能造成的损害和影响进行定量分析。风险评估主要包括风险估计和风险评价两个部分，常用的方法主要有针对随机不确定型、模糊不确定型、混合及复合不确定型风险的估计方法，如层次分析法、模糊综合评价法、人工神经网络、因子分析法及综合各类方法的风险评价方法。下面将示例风险评估方法在建设工程项目风险管理中的综合应用。

1. 随机工序执行时间

建设工程项目面临着很多的不确定性，风险众多，其中调度风险作为其基础环节中所涉及的风险，对它的讨论有着重要的实践意义。在对调度风险的识别中，可以知道其主要的风险因素是项目工序的执行时间。这个因素通过分析可以明确具有随机的不确定性，在文献中常用随机变量来描述，并采用相关的随机理论来处理。

在这里对随机项目工序执行时间的估计，使用的数据来自后面章节中的以溪洛渡水电站大型建设工程项目厂房工程为例的应用中。在这个项目中，需要进行调度安排的共有 18 个工序（其中不包含另外两个用于辅助分析的虚拟工序）。

对于随机型的风险，用于估计的方法很多，关键在于针对具体的问题选择合适的方法。建设工程项目中随机型的调度风险主要是通过随机的项目工序执行时间来体现。对于这个用随机变量来定义表示的不确定性因素，参照随机变量通用的参数估计和假设检验的方法来进行估计，具体步骤如下：

（1）收集相关的历史数据。

（2）对数据进行描述性统计分析，得出其基本的统计特征。

（3）检查数据分布规律，这里主要采用正态分布的 K-S 检验。

（4）利用点估计来估计分布的参数。

（5）使用假设检验检测证明数据服从正态分布的合理性。

详细的关于随机项目工序执行时间的信息在附录表 1. 1a 和表 1. 1b 中有所体现，包括了各项目工序执行时间历史数据的描述性统计分析特征，均值、标准差的点估计，假设检验和最终得到的正态分布规律。

附录表 1. 1a 和表 1. 1b 中的所有随机变量分布情况的分析都是源自 30 个样本数据。对样本数据进行描述性统计分析，得到包括斜度、峰度以及柱状图在内描述性统计特征结果，通过这些统计特征可以假定项目工序执行时间是服从正态分布的，所以接下来，就需要通过 K-S 来看这些数据是否能通过正态分布的检验，验证其服从于正态分布这个假设的合理性。在合理性得到验证后，就要进一步对正态分布的参数进行估计，并做出假设检验，最终得到可使用的随机项目工序执行时间的正态分布规律。由于时间在本书的讨论中具体是指“天”，这是一个整数，所以最后得到的正态分布规律中的参数也是整数形式。

建设工程项目调度风险最重要的风险因素在于随机的项目工序执行时间。正是这样的不确定性使得项目面临着可能无法达到预定目标的情况，遭受延工、违约等损失。不确定的项目工序执行时间对于建设工程项目的威胁主要体现在两个方面：影响整个项目工期、引起材料定期采购计划的变动。

一方面，项目工序时间的不确定性对于整个项目工期的影响，比较容易理解。

一个完整项目的竣工，是通过各个子项目的完成来实现的，而各子项目又由诸多前后相接、互相影响的工序组成。也就是说对于一个建设工程项目的工期而言，工序的完成是其基础，一旦在这方面出现了计划之外的情形，尤其是一些由于外界不可抗力带来的意外，就将严重影响项目的如期竣工，即便是在后期加工赶点，有时候也难以实现目标。因此，控制项目中各工序的执行时间，使其处于一个可接受的范围内，才能为施工的顺利进行、项目的按时交付提供保障。

另一方面，在每个工序的执行期内，工序执行都会涉及材料、设备的使用，它们是伴随着各工序的施工而提供的。如果工序的执行时间出现了意外的变化，可想而知，所需的材料就可能会出现供应不足，设备的作业时间可能出现因为满档而无法进场，或者空档闲置耗费成本。这些都会进一步影响项目的目标实现。当然由于建设工程项目工序执行时间的变动，还会不可避免地影响材料的定期采购计划，引发更多的连锁反应，这就是为什么讨论中需要将建设工程项目调度风险和采购风险的损失控制综合到一起考虑的根本原因。

综上所述，由于不确定的项目工序执行时间会分别从直接和间接的方面给整个建设工程项目的实施目标造成很大程度的影响。加之在之前的风险不确定性估计中，可以看到，虽然我们可以通过历史数据推测出各工序执行时间的分布规律，但这中间的变动依然存在；同时，一个项目由诸多的工序组成，一旦多个甚至全部的工序均有意外的变动，那么造成的重叠效应可能是无法估计的。因此非常有必要采用一定的控制措施来减缓风险从而尽量降低可能造成的损失。

2. 模糊采购影响因素

建设工程项目中另一个基础环节的风险就是采购风险。我们通过风险的识别，知道采购风险中主要因素在于购买价格变动、库存价格变动和运输价格变动，这些不确定因素在实际的采购行为中表现出模糊的特性，所以用模糊变量来描述它们，由此，也把采购风险认为是模糊不确定型的风险。在这里对模糊采购因素的估计，使用的数据同样来自后面章节中的以溪洛渡水电站大型建设工程项目厂房工程为例的应用。在这个项目中，共涉及七种需要定期采购的材料：水泥、钢材、油漆、橡胶板、木材、砂石料和其他材料。因为一些项目施工所需要的大型设备及能源如车辆、挖掘机、柴油、水电等是长期使用，在项目的伊始就已购置好，因此不存在定期采购的问题。在后面的风险损失控制建模中也会就这些设备资源的购置费用进行讨论并考虑到整个的模型中去。

对于模糊不确定型的风险，根据模糊数，具体以三角模糊数的特性对其进行估计。步骤如下：

（1）收集历史数据。

（2）统计数据的最大值、最小值和平均值。

（3）将最大值作为模糊数的上边界参数。

（4）将最小值作为模糊数的下边界参数。

（5）将平均值作为模糊数的中间参数。

所有的模糊数的分析都是源自 30 个样本数据，通过对样本数据的最大值、最小值和平均值的统计，可以得出模糊随机变量的隶属度函数。详细的关于模糊采购因素的具体信息如附录表 1.2 所示。

通过对建设工程项目采购风险的识别和估计，我们看到其风险的主要因素在于购买价格变动、库存成本变动和运输成本变动。这些不确定的因素将直接影响整个采购的成本，一旦出现意外的状况，所带来的损失将是人们所不愿接受的。

购买价格的变动引起的采购成本的变化主要在于其定价环节。在采购中，采购经理和供应商会就具体的材料议定价格、购买量并签署采购合同，同时也会基于对材料价格市场变动的预期，给出一个大概的购买价格变动。因为是由预期给出的结果，自然也无法准确地对其进行描述。同样地，由于在仓库中储存的材料量处于一个不断购进、使用的反复变化状态中，那么相应的库存成本也会出现不可避免的变动，因此这种情况下库存成本也是难以准确表示的。对于运输成本而言，不断变化的运输市场行情，势必使价格处于变动状态，人们通常也只能对运输的费用给出一个大致的估计。以上描述的建设工程项目采购环节中的各个不确定因素都会对最终的采购成本造成影响，小到出现采购计划的实施受阻，大到出现项目采购的资金链断裂，甚至对项目的施工过程造成影响，导致因为材料供应的不足、不及时，而引起项目搁置、工程停工等严重的后果。

所以，建设工程项目采购环节中出现的不确定因素很有可能对项目的材料供应乃至项目的施工进度造成很大的影响，因此必须对其采取必要的控制手段，尽量减少采购风险所带来的影响和损失。

3. 模糊随机地震破坏

通过对建设工程项目地震风险的识别和分析，知道地震对于建筑结构的破坏，包括项目场内外建筑物破坏和交通网络设施破坏，是其风险的主要因素。而这种破坏程度有着复杂地融合了模糊和随机两种不确定性的复合不确定性。书中使用模糊随机变量来描述这样的地震破坏，另外由于建设工程项目中，地震对于其场内外交通网络设施的破坏具有最为严重的后果，不仅仅可能会在地震发生当时造成人员伤亡和财产损失，更有可能影响震后的抢险救灾行动，带来更为严重的人员二次伤亡，对于灾后重建和建设工程项目的施工恢复也造成阻碍。在后面章节中，会以洛渡水电站大型建设工程项目为例，来讨论地震风险对于其交通运输网络的威胁。在这个例子中，共有 29 条通路和 24 个节点，所有的通路又有永久和临时、关键和非关键的类型区分。对于模糊随机变量的讨论有很多，用它来描述地震对项目交通网络的破坏，可以参照文献中提出的方法，并进行一定的改进来估计。详细步骤如下：

（1）收集数据并将其分为几组。

（2）统计各组数据的最大值作为模糊数的上边界参数。

（3）统计各组数据的最小值作为模糊数的下边界参数。

（4）对各组数据的平均值进行描述性统计分析。

（5）检查分布规律（这里主要采用正态分布的 K-S 检验）。

（6）利用点估计来估计分布的参数。

（7）使用假设检验检测证明数据服从正态分布的合理性。

（8）最后，根据以上的分析结果构成模糊随机变量$(a,\varphi(w),b)$，这与之前定义的 $\tilde{\tilde{\xi}}=(a_{iL},a_{iC},a_{iR})$ 是同一模糊随机变量的不同表达形式。

详细的关于建设工程项目对交通网络破坏的具体信息如附录表 1. 3a 和表 1. 3b 所示。由于对建设工程项目交通网络而言，不同类型的通路在遭遇地震灾害时，可能受到的破坏也不尽相同，比如说永久且关键的通路，其本身在修建的时候，质量上就较之那些临时修筑且有可能在项目竣工后拆除的道路要好，因此，会用多个不同的模糊随机变量来描述。当然，讨论中将同一项目类型相同的通路视为有同样的破坏分布规律，暂不考虑一个项目可能由于分布过广而造成地域差异的情况。

地震风险对于建设工程项目的影响主要体现在它对项目建筑结构的破坏上，主要包括项目场内外的建筑物和交通网络设施。

地震的破坏和地震风险对于建设工程项目的威胁是不言而喻的。作为一种灾难性的不可抗力量，地震已经给人类的社会经济生活带来了太多的影响和损害。建设工程项目中举足轻重的交通网络设施，可以说对整个项目都起到了命脉般的作用。在平时，交通的顺畅使各类人员、物资和设备能够及时送达相应的场地，这是使工程施工能够顺利进行的保障。而一旦遭遇地震灾害，人力和物力能否能在第一时间到达灾区，及时投入抢险救灾当中，尽力挽救人民的生命和财产，完全依赖道路的通顺。而很多情况下，在发生地震灾害时，道路系统却是首先被破坏的，由此引发的惨剧比比皆是。特别是对于建设工程项目而言，尤其是有着重大经济意义的国家大型项目诸如电站、水坝和核工业项目，它们所处的地域通常都会比较偏远，这是由于建设工程项目尤其是大型的项目都会选址在离城镇和人群聚居地有一定距离的地方，以尽量避免建设施工给人们的日常生活带来过多的干扰和影响。这些地方在地质地貌上都会比较复杂，尤易遭受意外的地质灾害或者在灾害发生时受到比较大的破坏。又因为远离城镇，如果一旦项目所在地域有地震发生了，由距离导致的救灾难度就可想而知，若再加之交通网络的破坏，那么无疑是雪上加霜。而且除了人员伤亡和财产损失外，如果因为交通设施遭受地震的严重破坏，那么想要尽快恢复项目施工几乎是不可能的，由此引发的后续损失和影响将会更加严重和长久。

因此，由于建设工程项目所在地域更加易发地震灾害，特别是进入 21 世纪以来，地壳活动愈加频繁，加之地震风险存在的严重威胁，人们对于地震破坏的控制和预防势在必行。

4. 模糊随机环境破坏

通过对建设工程项目环境风险的识别和分析，同地震风险类似，建设工程项目对周边环境的破坏所带来的风险威胁，也具有复杂的复合不确定性，也可以由模糊随机变量来描述。同样地，以溪洛渡水电站大型建设工程项目为例来讨论，参照文献中提出的方法，并进行了一定的改进来估计，详细的步骤参看之前的地震风险估计，所使用的数据也均是来自应用实例。具体的建设工程项目环境破坏信息如附录表 1. 4 所示。

保护环境、治污防污不是现今才提出的问题，环境破坏的威胁纷纷扰扰地影响人类正常的社会经济生活，而且这种威胁已持续了很长的时间。尤其在近些年，这个问题更是成为人们讨论的热点。建设工程项目的施工过程中涉及大量的空气污染，污水、废水的排放，建筑垃圾的堆积以及随之而来的土壤和地下水资源的破坏，还有对人们正常生活造成干扰的噪音都会带来严重的后果，而这些后果都是人们所不想见到和面对的。

正是因为建设工程项目对于环境破坏的不确定性和随之而来的不良后果，把握并控制环境风险已成为一种必需。

三、风险管理决策

风险管理就是要通过风险识别、风险评估以及有效风险管理方案的实施，实现管理的目标和宗旨。因此制订科学的总体方案和行动措施就显得尤为重要。通常来讲，方案不可能只拟订一种，往往是需要进行多方案的比较筛选，选择最满意的一个，必要的时候还要做好备选方案，基于选定的风险管理方案进一步采取一系列的处置手段。整个风险决策的基本程序可以参考图 1.8 所示。

综合笔者研究并结合文献，常见的风险管理方法有：

1. 风险回避

中断风险源，遏制风险事件发生。比如在一个人口密集和生态环境良好的地区建设化工厂，会导致环境风险和社会风险，此时选择放弃原有方案，实施其他备选方案，在其他适合的地区建厂，就是做的风险回避的处置方法。但是有时候放弃承担风险意味着可能放弃某些机会，因此风险回避是消极的风险处理方式。

2. 风险自留

将风险保留在风险管理主体内部，通过控制措施化解风险或者做好预备措施承担风险的可能不良后果。当风险无法回避和转移时，被动地将风险留下来，属于被动自留；如果经评估确认风险程度较小，对总体不会造成太大的影响，于是保留风险，属于主动自留。决定是否保留风险前一定要准确把握风险，综合考虑多方面的影响因素。

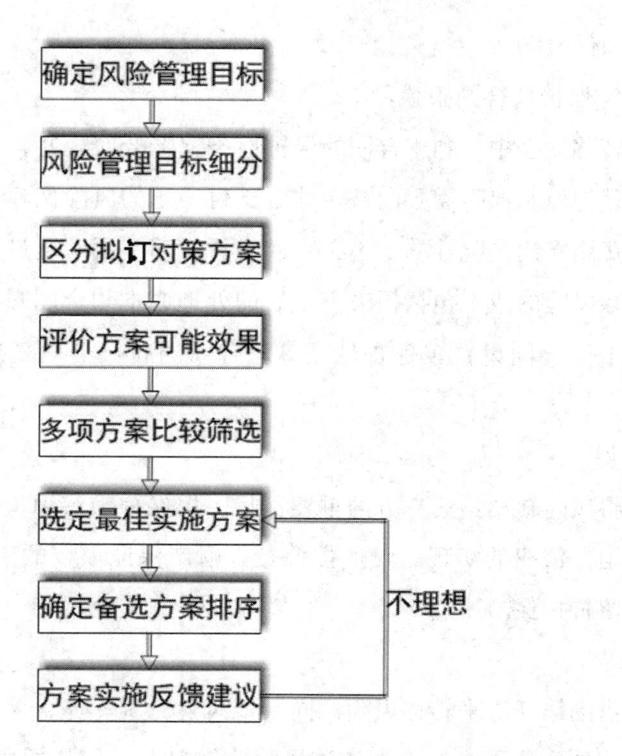

图 1.8　风险决策的基本程序

风险自留必符合以下条件之一：

（1）自留费用低于保险公司所收取的费用。

（2）企业的期望损失低于保险人的估计。

（3）企业有较多的风险单位。

（4）企业的最大潜在损失或最大期望损失较小。

（5）短期内企业有承受最大潜在损失或最大期望损失的经济能力。

（6）风险管理的目标可以承受年度损失的重大差异。

（7）费用和损失支付花费了很长时间，因而导致很大的机会成本。

（8）投资机会很好。

（9）内部服务或非保险人服务优良。

3. 风险转移

通过一定的途径将风险转嫁给其他承担者。常见的转移途径有设置保护性合同条款、担保和保险等。

（1）设定保护性合同条款。

在三种转移途径中，利用合同的保护性条款降低或规避某些风险的转移成本相对较低。工程担保和保险需要向被转移者支付一定的风险保障费用，而设置保护性条款的转移费用支出是隐性的，不必直接支付转移费用。通过合理设置合同的保护性条款来转嫁风险的成本包括损失发生后的处理成本和合同履行成本，这里的合同履行成本是由于合同设置了保护性条款，合同的履行变得复杂后，由此而增加的成本。

（2）担保。

担保是将风险转移给第三方的重要途径。担保分为信用担保和财产担保。信用担保是以人担保债权的实现。财产担保是以财产保证债权的实现，包括抵押担保、质押担保和留置担保。

（3）保险。

保险是借助第三方来转移风险，同其他风险方式相比，保险转嫁风险的效率是比较高的。国外企业采取保险来转移风险非常普遍，但从国内的实际投保情况看，投保比率并不高，其中的原因是多方面的。对于投保方而言，保险的风险转移成本主要是保险费，属于显性的费用支出。与其他风险处理方式相比，保险的风险转移成本相对较高。保险可以分散的风险属性表现为可转移性和经济性。可转移性即是风险可以通过投保转给保险公司，经济性指标的保险责任范围和保险金额等要素所提供的保障程度要与保费、免费额和赔偿额等支出要素权衡，保险支出和保险利得相当。保险可化解的风险范围很广，一般是在遵循保险法规的前提下，由保险双方商定，最终以双方签订的保险合同所列保险项目和保险责任为准。

4. 风险控制

风险控制是通过制订计划和采取措施降低产生经济和社会损失的可能性，或者减少实际的损失。这是一种面对风险积极应对的举措，而不是消极的放弃风险。控制中，通常包括事前、事中和事后三个阶段。事前控制的目的主要是为了降低损失的概率，事中和事后的控制主要是为了减少实际发生的损失。其中，损失控制一般采用预防和抑制的手段，损失预防是为了降低损失发生的频率，而损失抑制则为了减少损失的程度。损失控制一般以风险避免和减缓为目标，用于风险总是存在且很难回避、有些事情总是不能完全控制的情况下。

对风险的控制还需结合必要有效的方法，常见的有损失期望值分析法和效用期望值分析法。

在所有应对风险的方法中，避免风险是最彻底的一种方法，它可以完全消除风险。但是避免风险的方法一般只在理论上奏效。在现实中，避免风险是很难做到的，即使在某种情况下做到了完全避免风险，但是往往伴随着过高的成本。除了避免风险之外，其他方法都会面临损失频繁和损失程度大小的问题，并且也需要花费一定的成本。风险管理决策过程中，由于风险处理手段的多样性，每一个风险处理方案成本都有所不同。因此，可以用损失模型来描述各种决策方案，反映风险管理的效果。损失期望值分析法是以每种风险管理方案的损失期望值作为决策的依据，即按损失期望值最小作为选择决策方案的判定标准。其中期望值是概率统计的一个重要概念，期望值也称均值，是按概率加权计算的变量平均值。

虽然利用损失期望值作为决策的依据选择风险处理的最佳方案的方法适应范围较广，但在有些场合，这样做显得很不合理、也不实际，尤其当忽略忧虑成本因素的影响或者忧虑成本额难以确定时更是如此。众所周知，风险管理决策是由人做出的，那么决策人的风险、胆略、判断力、个人偏好等主观因素不能不对决策产生重大的影响。忧虑成本的讨论使得用损失期望值的决策方法更为完善，但忧虑成本既难以确定，也不能完全反映决策者个人的主观意愿及对待风险的态度。效用理论的产生及其在风险管理决策中的应用，则可以较好地帮助人们解决这一问题，同时，研究和探讨效用理论的实际作用也可以揭示决策者个人主观意愿及态度对风险管理决策的重大影响。

效用理论是结合经济学的效用观念和心理上的主观概率所形成的一种定性分析理论，由英国经济学家边沁于 19 世纪最先提出。他认为决策的最终目的在于追求最大的正效用而避免负效用。后来，伯努利把该理论推广，认为人们采用某种行动的目的在于追求预期效用的最大化，而非追求最大的金钱期望值。20 世纪中叶，这一理论被进一步推广，运用于含有风险的决策乃至风险管理决策。20 世纪 60 年代，波琦和迪格隆还提出了一系列损失发生时的效用函数。于是，日益成熟的效用理论被定性引入不确定性情况下行为方案的选择，另外，效用理论还被用于保险企业的经营管理，例如制订费率、确定自留额等，效用理论在风险管理决策中的作用越来越重要。效用分析法就是通过对风险处理方案损失效用的分析进行风险管理决策的方法。

5. 其他

常见的风险处置方法还包括：风险分散——将所面临的风险损失，人为地分离成许多相互独立的小单元，从而降低同时和集中损失的概率，以期达到缩小损失幅度的目的；风险合并——把分散的风险集中起来以增强风险承担能力；风险修正——依据用风险报酬率修正过的项目评价指标，权衡风险和效益两个方面来决策出更为科学合理的方案。

四、风险管理实施措施

根据风险管理决策的结果，可以提出风险管理的具体措施以指导实际实施。比如损前预防手段，就是基于对风险主要不确定性因素的估计，事先采取相应的办法来减缓风险、降低损失的方法；再如过程中的风险监控方法，就是对风险进行跟踪，监视已识别评估的风险和残余风险、识别进程中新的风险，并进一步评估、决策和实施措施。

基于风险管理的基本理论，众多管理和处置方法诸如风险的预防与控制、风险的分散与转移、风险的自留和保险等在学术研究和实践应用中被广泛地讨论和采用。近年来，随着全球经济活动日趋频繁和复杂，在国际金融危机的威胁下，风险控制（“风控”）越来越为理论研究者和实践应用者所重视。在风险控制的基本方法中，损失控制是通过制订计划和采取措施降低产生经济和社会损失的可能性，或者是减少实际的损失。这是一种面对风险积极应对的举措，而不是消极地放弃风险。损失控制通过直接对风险加以改变，试图使其由大变小或变无，可以有效地控制风险，对风险管理有着重要的意义。

五、风险监控

风险监控是指通过对风险规划、识别、估计、评价等全过程的监视和监制，以保证风险管理达到预期的目的。其目的是考察各种风险控制行动产生的实际效果，确定风险减少的程度，监视残留风险的变化情况，进而考虑是否尚须调整管理计划以及是否启动相应的措施。风险监控是动态跟踪风险因素的变化，即时预测可能造成的损失，并采取针对措施加以控制，以达到风险损失最小的目标。

风险监控包括风险的监测和控制。风险监测就是对风险进行跟踪，监视已识别的风险和残余风险，识别进程中新的风险，并在实施风险应对计划后评估风险应对措施对减轻风险的效果。风险控制则是在风险监视的基础上，实施风险管理规划和风险应对计划，并在情况发生变化的情况下，重新修正风险管理规划或风险应对措施。在某段时间内，风险监测和控制交替进行，即发现风险后经常必须马上采取控制措施，或风险因素消失后立即调整风险应对措施。因此，经常把风险监测和控制整合到一起考虑。监视风险实际是监视风险控制执行进展和环境等变数的变化。通过监视，核对风险策略和措施的实施效果是否有效，并寻找改善和细化风险规避计划的机会，获取反馈信息，以便将来的决策更符合实际。对风险及风险控制行动进展、环境的变化评价应反复不断地进行。

风险监控可以采取以下步骤：

（1）建立风险监控体系

监控体系主要包括：风险责任制、风险信息报告制、风险监控决策制、项目风险监控沟通程序等。

（2）确定监控的风险事件

（3）确定风险监控责任

所有需要监控的风险都必须落实到人，同时明确岗位职责，对于风险控制应实行专人负责。

（4）确定风险监控的行动时间

这是指对风险的监控要制订相应的时间计划和安排，不仅包括进行监测的时间点和监测持续时间，还应包括计划和规定解决风险问题的时间表与时间限制。

（5）制订具体风险控制方案

根据风险的特性和时间计划制订出各具体风险控制方案，找出能够控制风险的各种备选方案，然后要对方案作必要可行性分析，以验证各风险控制备选方案的效果，最终选定采用的风险控制方案或备用方案。

(6) 实施具体风险监控方案

要按照选定的具体风险控制方案开展风险控制的活动。

(7) 跟踪具体风险的控制结果

这是要收集风险事件控制工作的信息并给出反馈，即利用跟踪去确认所采取的风险控制活动是否有效、风险的发展是否有新的变化等，以便不断提供反馈信息，从而指导项目风险控制方案的具体实施。

(8) 判断风险是否已经消除

若认定某个风险已经解除，则该风险控制作业就已完成。若判断该风险仍未解除，就要重新进行风险识别，重新开展下一步的风险监控作业。

风险监控不能仅停留在关注风险的大小上，还要分析影响风险事件因素的发展和变化。具体风险监控的内容如下：

• 风险应对措施是否按计划正在实施。

• 风险应对措施是否如预期的那样有效，是否收到显著的效果，或者是否需要制订新的应对方案。

• 对组织未来所处的环境的预期分析，以及对组织整体目标实现可能性的预期分析是否仍然成立。

• 风险的发生情况与预期的状态相比是否发生了变化，对风险的发展变化要做出分析判断。

• 识别到的风险哪些已发生，哪些正在发生，哪些有可能在后面发生。

• 是否出现了新的风险因素和新的风险事件，其发展变化趋势又如何等。

第二章　风险损失控制

[鯈鮌者，浮阳之鱼，胠于沙而思水，则无逮矣；挂于患而欲谨，则无益矣。自知者不怨人，知命者不怨天；怨人者穷，怨天者无志。失之己，反之人，岂不迂乎哉？

人们追求风险的心理与浮阳之鱼大同小异：寄希望于高风险中谋取高收益，但一旦形势恶化，再想回避风险已经来不及了。]

——风险损失控制势在必行

第一节　风险损失控制理论

在对风险进行管理的过程中，解决风险对社会经济生活的困扰必须依赖应对风险的手段。因此在风险管理的研究中产生了各种可能的方法、技术和措施，使得风险管理者在面对具体的风险时，可以在应对上有充分的选择余地，特别是可以不遗漏相对而言最为有效的方法。虽然风险管理的方法很多，且种类繁杂，但从其对风险处理的过程来看，主要分为三个大类，即风险控制方法、风险财务安排和保险。其中风险控制方法是对风险加以改变的一类风险管理法，是指在风险成本最低的条件下，采取防止风险事故发生和减少其所造成的社会和经济损失的方法。改变风险即是试图使风险由大变小或由小变无。改变风险的途径有两种，一种是通过对损失加以改变达到“风控”目的；一种是不改变损失（保持损失不变）而直接改变风险，而损失控制方法就是通过改变风险的损失来控制风险的方法。

一、概念

损失避免是人类活动中很早就已经开始关注的事情之一。改变损失以控制风险无疑是人类最早所采用的风险管理技术，它既是“风控”的重要组成部分，也是降低风险管理成本的重要手段。而损失控制的理论可以为人们对于损失的控制实践提供指导。

1. 基本理论

关于损失控制的理论，存在很多不同的观点，其主要的区别在于解释风险因素的角度不一样，以下简单介绍几种具有代表性的理论。

(1) 人为因素管理理论。

由 Hernrich 提出的人为因素管理理论，认为损失控制应该重视人为管理因素，即加强安全规章制度建设，向员工灌输安全意识，以杜绝那些容易导致风险事故的不安全行为。

Hernrich 是美国著名的安全工程师，是一位工业事故安全领域的先驱人物。他把事故定义为任何可能出乎计划之外且未能加以控制的事件，在此事件中，一个物体、一种物质或是一个人的运动、行为或反应都可能导致人身伤害或是财产损失，并由此引发了他对损失控制的一系列思考。在对工业事故的系统分析研究的基础上，他发现在所研究的 7.5 万个案例中，有 88%是由人的不安全行为引发的，还有 10%是由危险的物质和机械状态引起，余下的 2%原因不明。有些事故的发生与人的不安全行为和危险的机械与物质状态都有关系。Hernrich 认为机械或物质方面的危险因素也是由于人的疏忽造成的，因此，人的行为成为事故发生的主要原因。于是他提出了一套控制事故发生的理论，即为工业安全公理。其具体内容如下：

- 损害事件总是由各种因素所构成的一个完整顺序引起。这个完整的顺序的最末一个就是事故，而事故又总是由人为的或者物质的风险因素引起。也即是说，这些因素都存在于这个完整的顺序当中。
- 人的不安全运动、行为或反应是造成大多数事故的直接原因。
- 由于极为相同的不安全人为因素，最终导致人员伤害事故，从概率意义上来说，整个事故的发生率为 1/300，即为 0.33%。

➢ 严重伤害事故的发生绝大多数情况下是偶然的，而且造成这种事故的原因和直接导致事故发生的事件是可以提前预知和预防的。

➢ 如何选择适当的风险控制措施基于对产生伤害事故的基本原因的了解（即为人和物质的直接原因和间接原因）。

➢ 技术措施、说服教育、人事调整和加强纪律是控制风险的基本手段。

➢ 风险控制与产品质量、成本和产量的方法是类似的。

➢ 领导人和管理部门应该负担起风险控制的主要责任，因为他们具有开展此项工作的最好条件和能力。

➢ 能否成功控制风险，应该注意关键人物的管理工作。

➢ 风险控制应该注意必要的强有力的经济激励因素。

Hernrich 提出的公理揭示了这样一些风险控制中的关系：事故的因果关系，人和机械物质的相互关系，不安全行为的潜在原因，风险管理和其他管理的关系，组织机构中实现安全、进行风险管理的基本责任，风险的代价以及安全的关系，等等。

因此，Hernrich 总结，事故的发生主要是由人的行为引起的，而且对此是可以进行控制的。同时他还提出了损失预防和控制的理念，强调风险控制的入手点为事故，把重点放在控制导致事故发生的人为因素上。基于事故与损失的关系和损失控制理念，他把意外事故的发生图解为一系列因素的连续作用，用多米诺骨牌来表示，提出了著名的多米诺骨牌理论，如图 2.1 所示。这一理论作为风险控制领域最为重要的指导理论之一，长久以来在很多领域得到了广泛的应用。

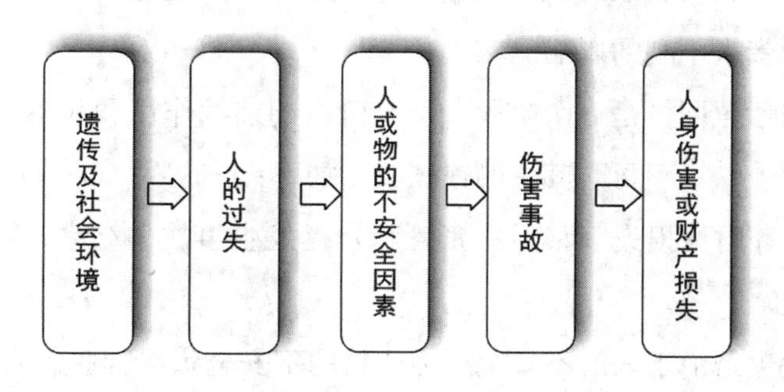

图 2.1　多米诺骨牌理论

Hernrich 风险损失以及影响因素用五张骨牌来表示，一张骨牌倒下，就会引发连锁反应，每个骨牌表示的因素都取决于前面的因素而发生作用。具体来说，这五个因素如下：

①遗传及社会环境

根据多米诺骨牌理论，损失发生的根源可以追溯到人出生和生长所处的社会环境。人从出生就带有的遗传因素及成长过程中的社会环境是造成人的性格上缺点的原因。遗传因素可能造成鲁莽、冲动、固执等不良性格；社会环境可能妨碍教育，助长性格上的缺点发展。这些都可能影响人的工作态度和工作方式。

②人的过失

人类自身的包括鲁莽、固执、过激、神经质、轻率等性格上的先天缺点，以及缺乏安全生产知识和技能等后天缺点，会造成人在工作态度和认知能力上的局限，从而导致人的过失，是使人产生不安全行为或造成机械、物质不安全状态的原因。

③人或物的不安全因素

所谓人或物的不安全因素是指那些曾经引起过事故，或可能引起事故的人的行为，或机械、物质的状态。人的过失直接致使了人或物的不安全因素，这也是意外事故发生的直接原因，并最终导致了伤害的后果。

④伤害事故

伤害事故是由于物体、物质或人的作用或反作用，使人员受到伤害或可能受到伤害的、出乎意料之外的、失去控制的事件。

⑤人身伤害或财产损失

意外事故必然会引发人身的直接或间接伤害，同时也会造成相应的财产损失，给社会经济生活带来不利的影响。

以上五个因素也同样是五个阶段，所有阶段的连续作用和相继发生造成了意外伤害的整个过程，缺一不可。其中的连锁关系如下：

- 人身伤害和财产损失（最后一张骨牌）是发生事故的结果，没有事故，就不会有伤害和损失。
- 事故的发生是由于人的不安全行为或物的不安全状态所造成的。
- 人或物的不安全因素是因为人的过失而存在。
- 人的过失源于人的先天和后天的缺点。
- 人的缺点是由不良环境诱发的，或者是由先天的遗传因素造成的。

由这些连锁关系可以看到，当人身伤害或财产损失发生时，可能会涉及以上五个方面的因素，即第五块骨牌的倒下，可能是因为第一块骨牌倒下并引起的连锁反应，造成了其他骨牌的倒下。如果消除引起事故发生的一系列环节中的一个，那么损失就可以得到控制，伤害就可以尽可能地避免和减少。Hernrich 认为减少意外伤害事故最重要的是消除人为的或机械、物质的危险因素，也即是尽量避免和消除人的过失和疏忽。

（2）能量释放理论。

能量释放理论是由美国公路安全保险协会会长 Haddon 提出的。这个理论认为，在损失控制中应该重视对机械或物的因素的管理，从而创造一个更为安全的物质环境。这个理论把意外事故视为一种物理工程问题，而没有主要关注人的行为，认为人或财产可以看作结构物，他们在解体之前有一个各自的承受极限，而当能量失控，压力超过这个极限的时候，就会导致事故的发生。这是一个很具有一般性意义的模型。所谓能量失控，可以是所有造成伤害或损失的情况，包括有火灾、事故和工伤等情形。在这个理论下，预防事故的发生是控制能量，或者改变能量作用的人或物的结构来达到。因此 Haddon 提出了以下十种控制能量破坏性释放的策略：

- 防止能量的产生和聚集，从一开始就避免意外的发生。
- 减少已聚集的可能引发事故的能量以降低意外发生的概率。
- 防止已聚集的能量释放以避免危险的产生。
- 从源头上改变能量释放的速度或空间分布。
- 利用时空将释放的能量和以损害的结构物隔离。
- 利用物质屏障，即用物品隔离能量和易损对象。
- 改变接触面的物质从而修改危险的性质，从而减少伤害。
- 加固结构物，以加强其防护能力。
- 意外事故发生时要及时救护，以减轻损害的程度。
- 持续提供事故后的恢复与复原。

Haddon 的这个理论控制能量对结构物的破坏，主要是通过对能量的产生、释放到作用的各个环节进行控制来实现。该理论自提出以来，就一直被研究者关注，得到了很好的发展和应用。研究者还从风险管理的角度出发，重新解释了这个理论，使其能够方便地在风险损失控制管理中得到应用。其具体如下：

➢ 防止危险的发生。防止危险发生的预防措施有禁烟区的禁令规定、加油站禁止无线通信的规定、禁止生产销售危险玩具的禁令，等等。

➢ 减少已经产生的危险的数量，例如高速公路行车速度限制、电压限制、器械载重物限制，等等。

➢ 防止危险因素的爆发。这里主要是控制能量的释放爆发，如机械上的自动断开装置、保险丝，等等。

➢ 降低危险爆发的速度，改变其空间分布，包括刹车、变压器、防洪大堤，等等。

➢ 在时空上隔离危险因素和被保护对象，如交通信号灯、车道划分、传染病人隔离，等等。

➢ 设置物质屏障于危险因素和被保护对象之间，如保护罩、防火墙、安全带，等等。

➢ 改变危险因素的基本特性，比如无铅涂料、隔源油漆，等等。

➢ 加强被保护对象的损害抵抗力，如道路加固以防御地震、防火建筑物，等等。

➢ 及时关注并给予救护。其中包括急救、应急服务，等等。

➢ 持续的修理和恢复受损对象，包括人员康复、修复受损财产，等等。

（3）TOR 系统理论。

TOR 系统（Technique of Operation Review System），全称为作业评估技术系统，其是由 Weaver 首创，并且由 Petersen 发展的系统。这套 TOR 理论认为组织管理方面的缺失是导致意外事故发生的主要原因。该理论提出了风险控制的五项基本原则，并将管理方面的失误归纳为以下八类。

➢ 五项风险控制的基本原则包括：

①危险的动作、条件和意外事故是组织管理系统确实存在的征兆。

②对于可能发生严重损害的意外情况，应该彻底地进行辨识和控制。

③和其他的管理功能一样，风险管理也应该制定管理目标，并通过计划、组织、领导、协调和控制等职能来实现目标。

④权责明晰是有效进行风险管理的关键。

⑤规范操作错误导致意外发生可被容许的范围是风险管理的功能，通过了解意

外事故发生的根本原因和寻求有效的风险控制措施来实现。

➢ 八类管理方面的失误包括：

教导和训练上的不适当作为，没有明确划分和分配责任，权责不当，监督不周，紊乱的工作环境，计划不适当，个人过失，组织结构设计不当。

（4）其他主要理论。

除了上述的理论以外，还有一些重要的风险损失控制理论值得提出并注意。

➢ 一般控制理论

在 Hernrich 的多米诺骨牌理论提出后的数十年间，工业卫生专家和安全工程师发展出了一般控制理论。该理论强调危险的物质条件或因素比危险的人为操作更为重要。该理论主张了 11 种控制措施。

➢ 系统安全理论

这个理论的提出源于这样的观点：所有的事物均可视为系统，而每个系统都是由很多的较小的且相关的系统组成。这个理论认为当一个系统中的人为或物质因素不再发挥其应有作用时，就会发生意外的事故。它旨在通过了解意外事故发生的机制来寻求预防和抑制风险的方法。该理论也提出了四项风险控制的措施。

➢ 多因果关系理论

在实际情况中，许多事故的发生并不是如多米诺骨牌理论中所描述的是由单一因素顺序作用的结果，而是多种因素综合作用的结果。这些因素往往是随机地结合在一起，共同导致了事故的发生。因此从多因果关系理论出发，风险控制就不仅仅是针对人为或外物的风险因素，而是从其根本原因着眼。风险产生的根本原因通常可能与管理的方针和方法、监督控制制度以及教育培训等有关。

各种损失控制理论解释意外发生的侧重点不同，但是均是以降低风险发生的概率和减小损失为目标，通过提出不同的风险控制措施来减少风险对人们所产生的威胁和损害，减少其对社会经济生活的影响。

2. 定义

风险管理的方法众多，最为常用的是风险控制方法，也就是通常所称的“风控”，其也是诸多风险管理方法之中最为重要的方法之一。而“风控”对风险的改变，一方面是通过对损失加以改变，另一方面则是直接改变风险本身。

改变损失以实现风险控制目的的方法称为风险损失控制。它通常定义为风险管理者有意识地采取行动防止灾害事故的发生或减少其造成的社会和经济损失。风险与损失密不可分，改变损失对风险管理有着如下重要的意义：

（1）控制损失可以控制风险

控制损失，事实上，是试图通过降低损失频率和损失程度来改变风险，从而降低风险。无论是损失频率还是损失程度中的任何一个改变，风险都将得到改变，而如果风险管理者可以同时降低损失频率和损失程度，那么风险也将得到更大程度的降低，成功地实现风险控制的目标。

（2）控制损失可以降低风险管理的成本

损失是风险管理当中密切关注的点，事实上，损失决定了风险管理的成本。通过损失控制，可以降低风险的平均损失结果，从而降低风险管理的成本。风险管理常被拟定义为“以最低的代价”应对风险，所以损失控制凭借对风险成本降低的“奇效”就成为风险管理中尤为重要的方法。

损失控制在“风控”乃至风险管理中发挥着重要的作用，对其的研究也有着很长的历史，涉及社会经济生活的很多领域。

损失控制的途径有两个，一个是改变损失频率，即在损失发生之前，消除损失发生的根源，尽量减小损失发生的频率；一个是改变风险的程度，在损失发生之后，努力减轻损失的程度。由于两者着眼点不同，采用的措施也不尽相同，可以用下图2.2来说明。

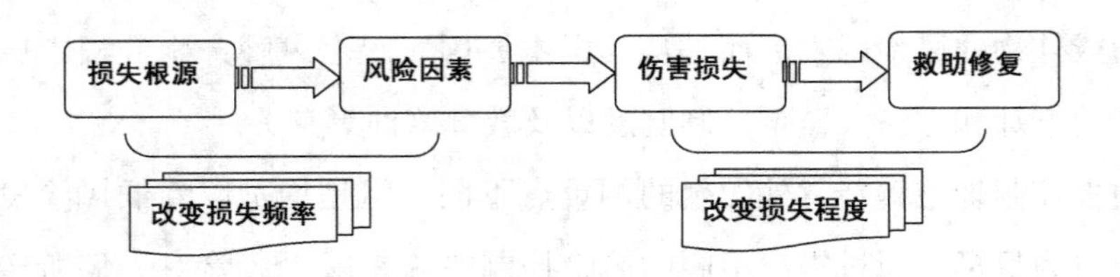

图2.2　损失控制的途径

从图中可以看到，损失控制改变损失的频率，首要可从损失的根源入手，尽量消除损失，防止损失出现。例如在汽车上装配减震系统等。接下来应该强调对可能受损的对象进行持续检查维护，以减少风险因素，比如检查建筑物的抗震能力等。一旦损失不可避免地发生了，就应尽量使伤害损失最小化，包括贮备必要的设备、器械，在损失现场快速有序反应等。最后，有效的救助可以在损害造成之后达到控制损失的目的，同时积极开展相应的修复措施，可尽量挽回损失，如抢救伤员、抢修道路等。

二、分类

风险损失控制涉及的内容很广，所涵盖的众家学者提出的方法、措施也很多。参照文献，并综合其他通用的分类标准，本书从控制目标、控制时间、控制手段的三个不同角度出发，对风险损失控制进行了分类并且做简单地介绍，如图 2. 3 所示。

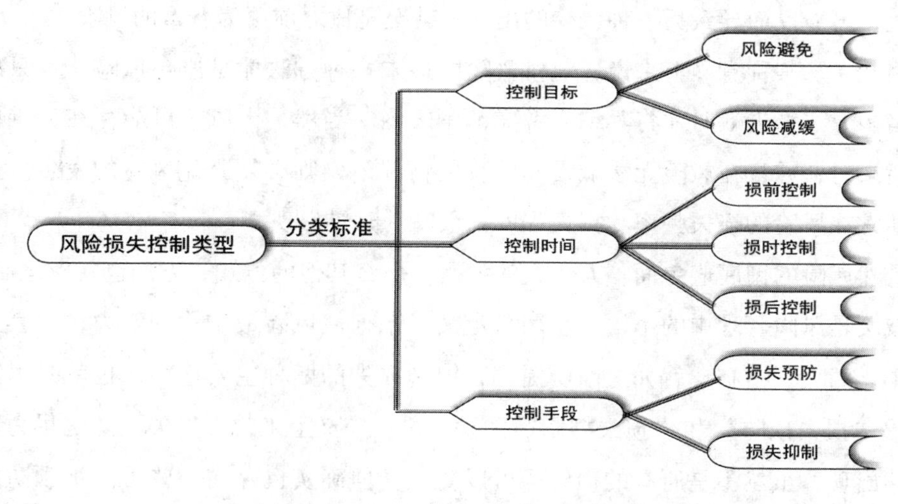

图 2. 3　风险损失控制分类

1. 控制目标

风险损失控制的目的一般有两个，完全杜绝风险的一切发生可能和最大程度上减缓风险造成的损害。

从技术上来讲，当风险决策能让风险不发生的时候，所采用的应对措施就是实现了风险避免。在这种情况下，风险管理者的风险态度是完全保守规避型的，不愿意面临任何的风险。风险避免的措施是通过避免任何损失发生的可能性来规避风险，然而这样的做法也可能是以牺牲可能的收益来实现的，因为“高收益，高风险”已经是被普遍认同的观点。也就是说，虽然在有些情况下，风险避免是风险管理的唯一选择，但这毕竟是一个消极应对风险的方法。而且往往在很多情形下，管理者若经常采用风险避免的方法，会导致组织的无所作为，从而无法实现其最基本的发展目标。风险避免过于消极的性质，限制了它的使用。具体来说，采用风险避免可能有以下问题：

（1）风险可能无法避免，很多风险实际上是避无可避的。比如说地震、海啸、山洪等自然灾害，对于人类来说，这些都是无法避免的。

（2）避免风险可能需要付出昂贵的代价。风险的存在伴随着收益的可能，避免就意味着对潜在收益的放弃，这样的机会成本反而很高。

（3）避免一种风险可能产生另一种风险。通过改变工作的性质和方式来进行风险避免，可能反而导致另一种风险的出现，甚至是比之前更为严重的风险。

因此，从某种意义上来说，对付风险的最末一种方法才是避免风险，且只有在其他诸多方法都失效时才将其纳入考虑范围之内。当然，当风险可能存在灾难性的严重后果时，并且在风险无法减缓和转移的情况下，则必须避免风险的发生。这种情况通常在风险的损失频率和损失程度都很高的时候出现。

既然风险的彻底避免面临着巨大的障碍，那么其他的方式、方法也就应运而生。风险减缓是风险管理中的术语，它用来定义一系列使风险最小化的努力，尤其是损失最小化的大量措施。就如之前所提到，控制损失的两种主要途径，也就是风险减缓中的“损失预防”和“损失抑制”两种手段。广义上来说，损失预防是尽力防止损失的出现，虽然不是所有的损失都可以防止，但确实也存在一些可能被预防的损失。另外，如果损失实实在在发生了，则只能通过损失抑制的方法努力降低那些损害的严重程度。也就是说，那些降低损失频率的手段是为了集中预防和防止损失的发生，而那些试图减轻已经或正在发生的损失的严重程度的技术措施，则是为了抑制损失所带来的伤害。

2. 控制时间

控制的时间包括事前、事中和事后三个时间段，事前控制的目的主要是为了降低损失的概率，事中和事后的控制主要是为了减少实际发生的损失。对应于控制的区分有：损前控制、损时控制和损后控制。

损前控制的目标：经济目标、安全系数目标、合法性目标和社会公众责任目标等。

损时控制的目标：时效性目标等。

损后控制的目标：生存目标、持续经营目标、发展目标和社会目标等。

3. 控制手段

损失预防是指为了消除和减少可能引起损失的各种因素，在风险发生之前采取的处理风险的具体措施，如一些工程物理方法、教育指导和强制手段等。

损失抑制是指在意外风险事故发生时或发生后采取的各种防止损害扩大化的措施，比如建筑物上的防火喷淋装置、医生对危重病员的救助和康复计划等。

第二节　风险损失控制方法

风险损失控制的基本手段、损失预防和一旦损失实际发生后进行的减少损失的措施是同人们的行为活动息息相关的。之前提及的诸多风险损失控制的理论从不同的角度提供了损失预防和抑制的基础。迄今为止，在这方面上讨论的具体方法技术很多，有的已有了相当成熟的实施措施，而另一部分则相对简单，或仅为人类的一些直觉反应。下面将从预防和抑制两个方面分别对此做一些简单的介绍。

一、损失预防

目前，最为人们广泛接受的损失预防分类方法是把损失预防措施根据目标加以分类。其中有对于机械、物质和环境因素比较侧重的，从这个角度来试图消除危险因素的措施被称为“工程物理法”；而强调人为因素，并寻求通过改变人的行为来预防损失的措施叫作“人类行为法”；还有通过从行政乃至国家的高度来制定法律、规章和制度从而强制预防风险的即为“规章制度法”。下面对这三类方法进行一下具体介绍：

1. 工程物理法

工程物理法强调削减不安全的外界条件以实现预防损害的目的。这种方法主要假设人们对于自身的人身安全并不太注意，且人性固有的无心之失是无法遏制的，因此，必须要用工程物理的方法，即有相应的安全工程来帮助人们保护自身，而不被那些不安全的行为伤害。比如针对火灾有阻燃结构、防盗有保险箱、锅炉窑定期检修以及给汽车配备更为安全的装置，等等。前面提到的 Haddon 的能量释放理论中的策略一般作为工程物理法具体实施措施的指导。

2. 人类行为法

人类行为法强调的是人的动机，关注人的行为、活动和对风险的反应。这种预防防护的方法，从大部分事故是由人类的不安全行为引发这样的认知出发，偏重于人为因素的控制，试图通过致力于规划人的行为来取得安全和损失预防的最大成效。该方法的目标是通过教育、培训和指导来规范人们的行为。

人类行为法中控制风险的首要因素就是教育。这样的教育有两大重要的需要实现的功能。一方面教育可以给人以警示，让人们意识到自身所处的危险，而且很可能面临严重的后果损失，借此提升人们的安全意识；另一方面，教育可以给出具体的安全操作方法，用以指导人们的行为。比如安全教育、电视安全广告和海报等都是预防损失的教育手段。具体来说，人类行为法的措施一般包括：安全法治教育、安全技能的持续培训、安全态度的持续教育。

3. 规章制度法

由于某些不明的原因，人们对于危险的意识并不明确，缺乏对安全应有的关注，所以不足以保证他们能够及时地采取应有的安全行为来保护自身的人身和财产安全。因此，为了加强安全防护的力度，很多国家都已将此上升到了国家法律的高度，并且颁布并实施了相关的规章制度，试图以强制的手段来防止风险的发生。依据国家制定的相关规章制度，风险管理单位应在这些规章制度的范围内进行经济和社会活动，从而预防风险事故的发生。例如交通法、地方建筑法规和产业安全条例都是通过条例和规章为风险控制提供强制力的典型。

这其中，人类行为法和规章制度法均是基于 Hernrich 关于人为管理因素的理论出发来考虑的。

二、损失抑制

损失抑制是在损失不可避免地发生了以后的补救措施，其技术方法相对直接，力图最大限度地减小风险所造成的危害和影响。

1. 机械设备配备

如果风险真的出现了，并且造成了不良后果，带来了损害，那么首先的措施就是设法在损害发生当时，尽量让其破坏的程度降低。例如在可能的事故和灾害现场常备必要的救助机械和设备，以备不时之需，如防火喷头、灭火器等。

2. 抢救救护

当为预防损失做出的努力失败而损失真的发生时，就要立即采取措施来保护没有被损害的剩余价值，以减少损失的额度。抢救措施不仅包括保护财产使其免受进一步的损害，争取保持其价值，更重要的是对于人员的及时救护，避免其遭受二次伤害。这样的措施可以在很大程度上减缓原本还会继续发生的损害，从而降低损失。

3. 康复修复

康复主要是对于人身而言，例如对于工人的康复，无论是对其本人还是雇主，都意味着对事故所造成的经济损失的控制。此外，对于受到破坏的物质环境进行修复，也是促使其尽快恢复正常，减少损失的必要措施。

如上所述，预防和控制损失的各类技术方法很多，事实上，由于风险问题层出不穷，相应的解决办法也是无穷无尽的。而且面对风险，除了单独的措施外，可能更多的是需要综合运用多种技术方法。但不论如何选择，以下方面是风险管理者在选取方法时应该注意的：

（1）控制措施和适用时机。对于不同的风险情形，不是每个措施随时都是行之有效的，使用不当还可能引发更严重的后果。所以在适当的时机，选择适当的控制措施，并在应该执行的时间段采用，才能保证损失控制的有效性。

（2）控制措施和使用对象。不同的损失控制措施使用的对象是有区别的，即是说，有的措施可能是直接指向具体的对象，比如针对人、机械和设备等，有的则是指向事故发生的机制或者风险发生的环境等。因此，应该对不同的使用对象有针对性地选择适合的控制措施才能有所成效。

（3）协调搭配措施。不是越多越先进的措施就越能起到更好的损失控制效果，合理组合多种控制措施，让这些措施协调配合才是行之有效的办法。

还应该说明的是，以上所提出的各种风险损失控制的技术方法乃至具体的措施都有赖合理的损失控制计划来保障其顺利实施，而控制计划的确定则要依靠风险管理者对所面临具体风险的全面认知和系统分析，并在此基础上进行风险控制决策才能最终达成目标。

第三章 建设工程项目风险

[1992 年，美国学者 Laufer 和 Stukhart 在对美国 40 位重要建设工程项目经理和投资人的调研访谈中发现，只有约 35%的项目维持着较低的风险威胁状况，而其余 65%的项目处于风险威胁状况不确定的环境中，面临诸多风险。

而这项发现在随后 1993 年所做的跟踪调查表现得更为严重，约有 80%的项目处于高风险的环境中。]

——建设工程项目风险不容忽视

第一节 建设工程项目风险概述

建设工程包含着大量的风险。建设工程项目从启动伊始就面临着复杂而多变的情况。通常，建筑业的项目涉及从最初的投资评价到建成并最终投入使用的总过程。而这一过程往往受到诸多不确定因素的影响，这使得整个项目都始终处于高风险的环境当中。1992 年，Laufer 和 Stukhart 讨论了建设中的不确定性。同时，自 20 世纪 90 年代起，风险识别、风险分析及风险控制等风险管理技术开始应用于建筑行业，在对建设工程所包含的大量风险进行控制的过程中发挥了重要作用。

建设工程风险源自复杂运作的内外系统，这使得控制风险损失的决策呈现出多目标性和多层次性的特点。因此，在不确定性影响下，综合考虑复杂的决策环境、控制建设工程项目的风险，对于有效管理项目进度、合理配置工程资源、积极应对自然和环境灾害对建设的影响、保证工程安全高效地运作具有重要的现实意义。

一、风险来源

建设工程项目，即是在一定的建设时期内，在人、财、物等资源有限的约束条件下，在预定的时间内完成规模和质量都符合明确标准的任务。项目具有投资巨大、建设期限较长、整体性强、涉及面广、制约条件多及固定性、一次性等特点。所有建设工程项目都包含有耗时的开发设计和繁杂的施工建造过程，通常具有项目决策、设计准备、设计、施工、竣工验收和使用等项目决策和实施阶段。这样复杂的过程中涉及诸多不同组织、人员和环节，且受到大量外界及不可控制因素的影响。所以，建设工程项目的决策和实施是经济活动的一种形式，其一次性使得它所面临的不确定性较之其他一些活动要更多、更大。因此，风险的可预测性也要差得多，而且建设工程项目一旦出现了问题，就很难进行补救，或者说补救所需付出的代价就更高。从建设工程项目风险管理的角度来说，如果由于某些原因使得项目面临了不确定的情况，目标难以实现，风险就出现了。建设工程项目中涉及的组织和人员众多，如发展商、设计人、监理人、承包商及供应商等。他们在项目的整个生命周期当中担任不同的重要角色，作为主体负责不同的专业化工作。由于不同主体的经济利益有别，立场目标不同，各自所承担的风险就不尽相同，对风险的理解和态度不同，从而有着不同的风险承担能力。所以，对建设工程项目风险管理的考虑必须综合项目过程中的各个阶段的风险，以及各个风险的承担主体，这就形成了一个多风险目标、多层次参与者的管理结构。如图 3. 1 所示的就是某建设工程项目风险管理结构。

图 3. 1 作为示例，反映的只是某个项目的情况。不同的项目、过程阶段、风险主体和可能出现的风险都不尽相同，且各主体由于工作职能的需要可能在不同的过程阶段重复出现，各建设阶段也可能遭遇相同的风险类型。

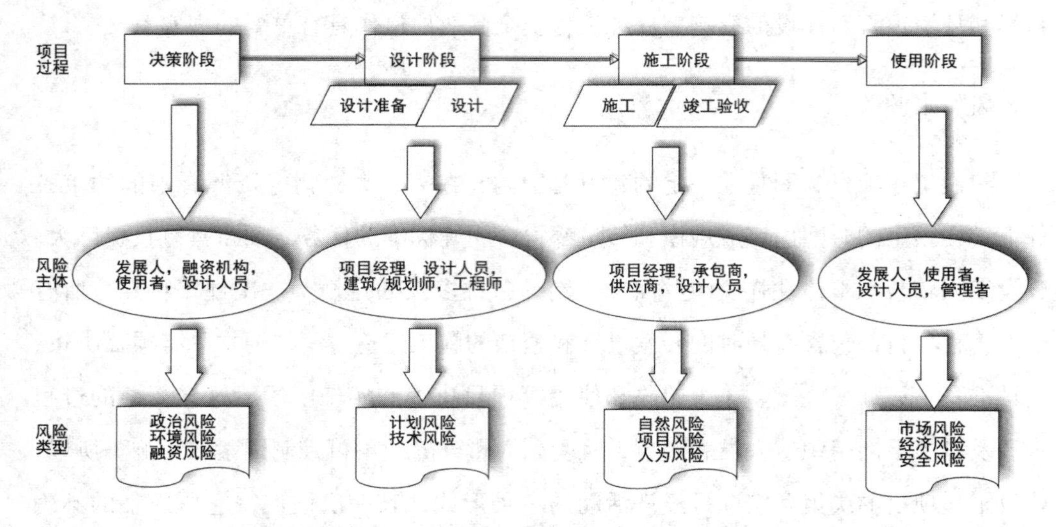

图 3.1　某建设工程项目风险管理结构

二、风险特性

从本质上讲，风险来源于不确定性，而不确定性则源自信息的缺乏。某个指定事件或活动，不能事先确定最终可能有的结果，即被称作不确定性，这是一种普遍存在的现象。不确定性主要是源自人们不能对事件或活动的信息完全掌握，它意味着有多种可能的后果且每种后果发生的概率不一样，并且不确定性会随着事件与活动进程的推进而逐渐变小。对于建设工程项目而言，不确定性包括自身和环境两方面。正是由于在不确定性下做出信息不完备的决策，所以就产生了风险。随着现代经济的飞速发展，城市化进程和城乡建设步伐逐步加快，建设工程项目的规模越来越大，风险所致的损失也越来越惊人。因此，对建设工程项目风险进行控制与管理就显得愈加重要和必要。

在建设工程项目风险管理中，不确定性普遍存在，很多现象均可以由“随机”和“模糊”来描述和表达。譬如工程在进行当中面临多种不可预见的情况，例如建设环境、气候状况、人工技能和材料设备等都可能影响工程的进度。这些项目中的不确定性会影响到工程的最终工期，导致误工等损失，是重要的风险因素。而诸如气候、工时和设备整修率等就可以用随机变量来描述。又如项目中关键的采购供应的环节，涉及材料购置、运输、库存等，在以往的研究中，人们常常把这些环节中可能有的不确定性处理为模糊变量。这是由于在项目的现实管理中，人们在事件实际发生之前，常常不能准确地把握一些因素，只能用不具体的、不精确的语言来描述，例如“运输时间大概为 6 小时”“库存量在 600 件以下”“设备购置费最少为 21.3 万元”等。这些用“模糊”和“随机”表达的项目信息可以帮助人们更为方便地描述风险，同时能在此基础上，利用成熟的数学理论和知识处理这些不确定，保障项目风险控制与管理的可操作性和有效性。

第二节　建设工程项目风险分类

一、风险因素

目前，研究建设工程项目风险的文章较多，涉及的风险有多种，典型的风险包括：工期延误；预算超范围；材料设备购置存贮费用上升；不利地质条件；不可抗力，如地震、洪水等。本书主要基于不同风险因素，整合不同的分类方法将建设工程项目风险分为多种类别。在风险管理中，区分风险的因素，并有针对性地对其进行控制是十分重要的。依据产生的来源，建设工程项目风险可以分为政治风险、经济风险、项目风险、计划风险、自然风险、市场风险以及安全风险等。在与风险对抗，以及保障项目顺利进行的过程中，人们发挥了充分的才智，在许多方面都取得了理论研究和实践应用的丰硕成果。现有研究中，建设工程项目风险所涉及的有代表性的主要风险如图 3.2 所示。

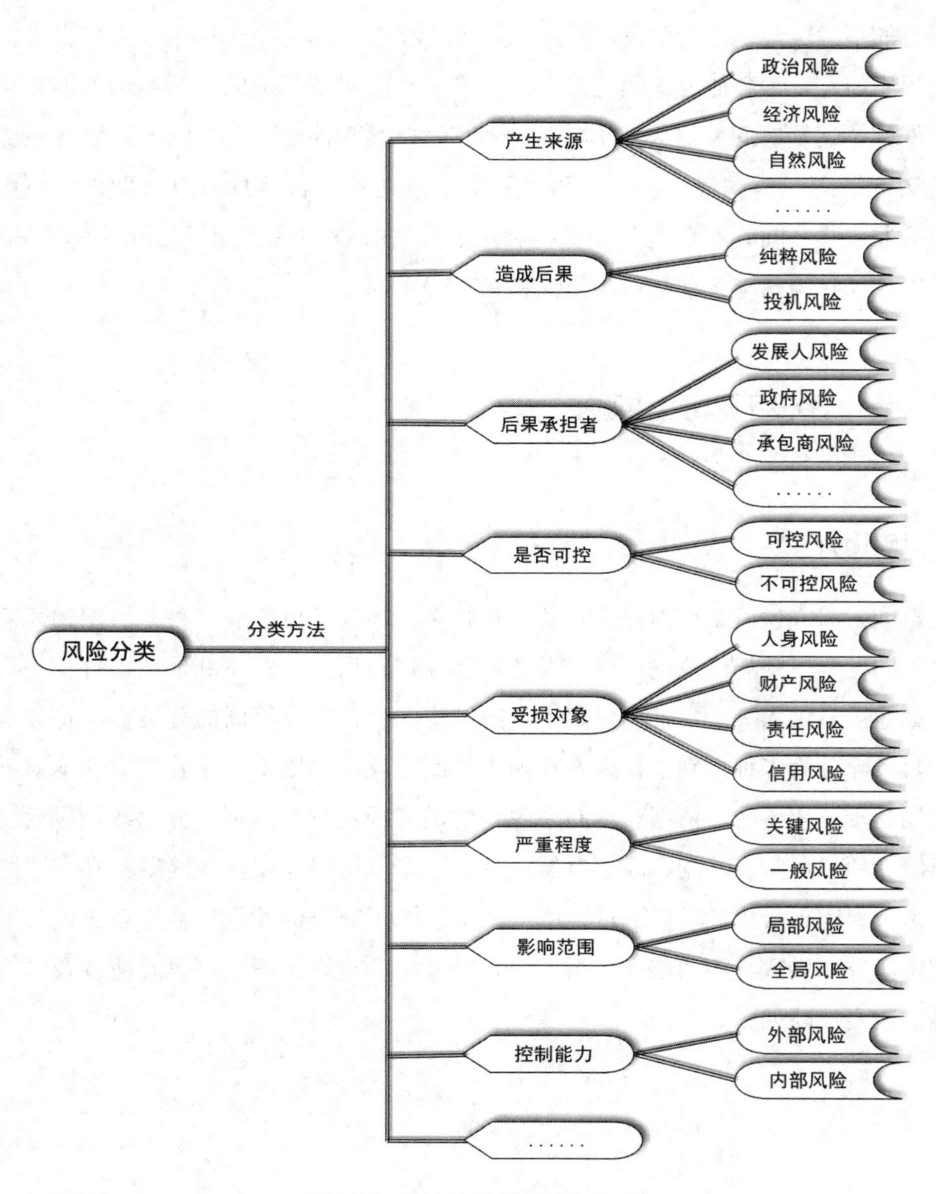

图 3.2　建设工程项目风险分类

二、风险主体

参与建设工程项目实施活动的不同主体存在不同程度的风险，对于风险因素和管理目的也有着不同的侧重。建设工程项目的不同风险管理主体如表 3.1 所示。

表 3.1　　建设工程项目的风险主体

风险类型	风险因素	风险主要承担主体
政治风险	政府政策、民众意见和意识形态的变化、宗教、法规、战争、恐怖活动、暴乱	发展商、承包商、供货商、设计单位、工程监理单位
环境风险	环境污染、许可权、民众意见、国内/社团的政策、环境法规或社会习惯	发展商、承包商、监理单位
计划风险	许可要求、政策和惯例、土地使用、社会经济影响、民众意见	发展商
市场风险	需求、竞争、经营观念落后、顾客满意程度	发展商、承包商、设计单位、工程监理单位
经济风险	财政政策、税制、物价上涨、利率、汇率	发展商、承包商
融资风险	破产、利润、保险、分险分担	发展商、承包商、供货商
自然风险	不可预见的地质条件、气候、地震、火灾或爆炸、考古发现	发展商、承包商
项目风险	采购策略、规范标准、组织能力、施工经验、计划和质量控制、施工程序、劳力和资源、交流和文化	发展商、承包商
技术风险	设计充分、操作效率、安全性	发展商、承包商
人为风险	错误、无能力、疏忽、疲劳、交流能力、文化、缺乏安全、故意破坏、盗窃、欺骗、腐败	发展商、承包商、设计单位、工程监理单位
安全风险	规章、危险物质、冲突、倒塌、洪水、火灾或爆炸	发展商、承包商

在建设工程项目决策、实施、运营的不同阶段，项目风险管理主体的处境及所追求的目的不一样，面临的风险因素不同，风险管理的重点和方法也不尽相同。在总的风险损失控制的目标下，不同的风险需要不同的损失控制目标，并最终满足用户、项目投资决策人的需要和期望。

本书理论篇至此完结。在下面的实践篇中，将以风险不确定性的主要体现形式为引，通过随机、模糊、混合和复合不确定性四种类型，以及综合方法的应用来示例建设工程项目风险损失控制的过程。

实践篇

第四章　某高速路桥梁项目风险损失控制——随机型

[当代，高速路桥梁建设工程的数量和规模正迅速发展，其在我国基础建设中起着重要的作用。

而在实践中，要实现科学合理的调度，确定有效的资源需求，不可避免地要考虑不确定性。]

——资源需求的随机性必然导致随机型风险

第一节　项目问题概述

在我国，基础建设工程（包括高速公路、铁路等）对国家发展非常重要，所以必须非常关注此类项目在实践中的有效性。本章所关注的是某高速路桥梁建设的安装工程项目。项目经理需要考虑多个管理目标，并且相互间不能妥协，例如项目工期、成本等。与此同时，项目经理必须面对管理中的不确定环境，考虑所有的相关因素。

一、问题描述

案例讨论了这样一个实际问题：项目是由一系列相互关联的工序和多种不同的执行模式组成，每种模式对应确知的工序执行时间和随机的资源需求。管理目标一方面要求在考虑随机资源约束条件下使项目工期和成本最小化，另一方面要使资源流最大化。这是一种典型的考虑不确定环境的资源约束下多模式项目调度问题（rc-PSP /mM）。而在实践中，这些情况无处不在：当出现这样的资源约束时，有限的资源将根据库存事先做好准备以满足某一建设工程的需要；同时考虑到不确定的情况，资源库存量通常是满足正态分布的一个随机变量，如各种材料的库存量等。因此，这就形成了随机的资源约束。此外，由于工序的提前完成可能导致预先分配给这些工序的资源浪费。所以，提前和延期成本系数也相应地是满足随机规律的。在这种情况下，我们可以使用随机变量来处理本书中这些不确定参数的随机性。

二、概念模型

假设条件如下：

（1）单个项目包括多项工序，每项工序都有多种不同的执行模式。

（2）每项工序的每个模式都有确知的执行时间和资源消耗。

（3）每项工序的开始时间依赖其前一项工序的完成。

（4）部分资源数量是随机的，其他资源数量是确定的并且后期可更新使用。

（5）相互之间不存在可替代资源。

（6）工序不能被打断。

（7）有限的资源将根据库存事先做好准备以满足某一建设工程的需要。

（8）提前和延期成本系数是随机的。

（9）管理目标：随机资源约束条件下最小化项目工期、成本及最大化资源流。

据此，可以建立一个随机型多目标 rc-PSP / mM 的概念模型，如图 4.1 所示。

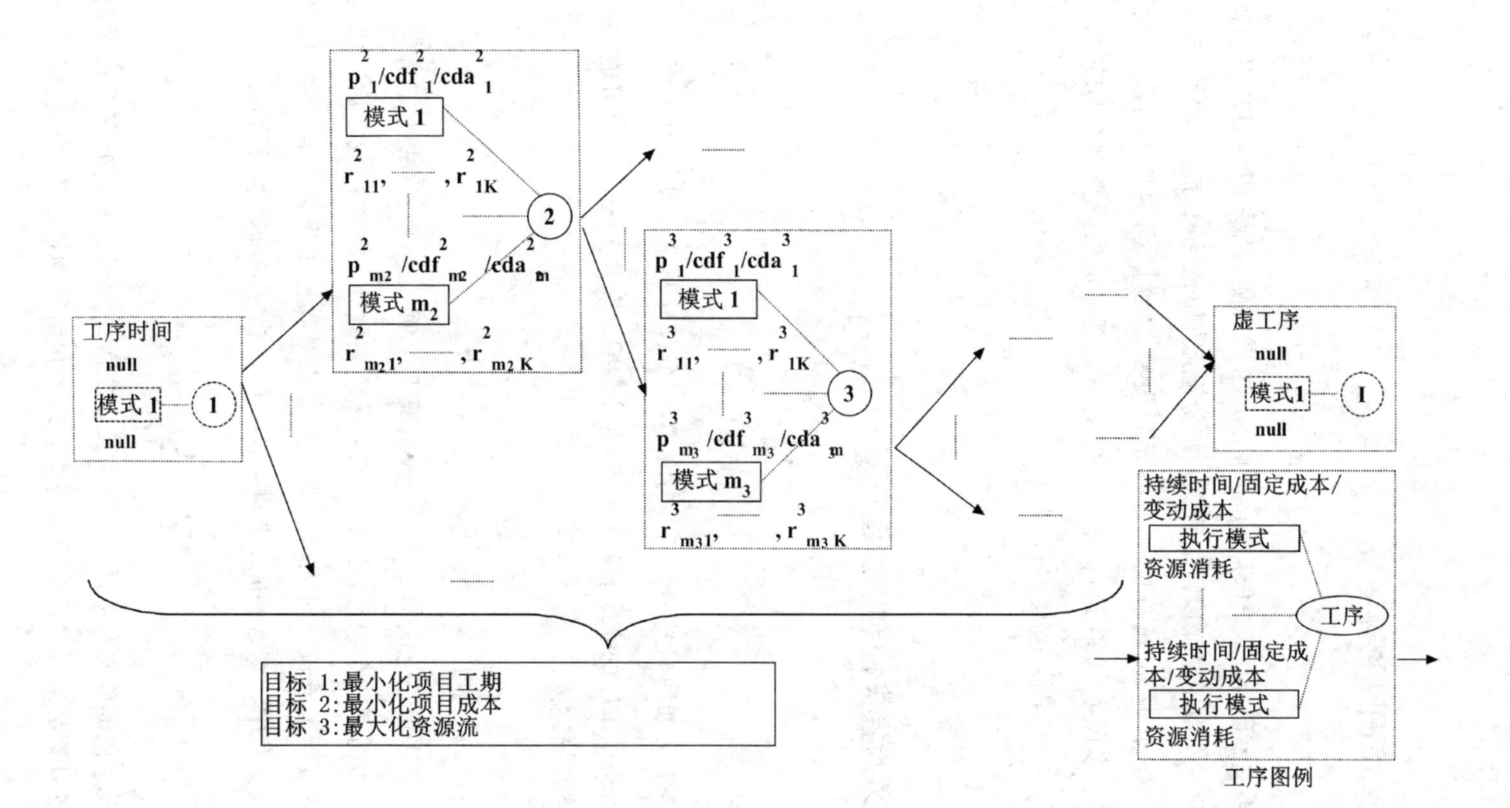

图 4.1　随机型多目标rc−PSP / mM概念模型

第二节 风险识别和评估

综合众多文献研究，rc -PSP / mM 问题最常考虑随机型不确定性以及可能面临的风险。因此，本章中遵循以往的研究，将资源限制的数量和提前及延期成本系数识别为随机的。其估计分布规律为：资源限制的数量视为服从正态分布变量 $N(5.08, 0.1^2)$（单位 1 000 元）；工序中的提前及延期成本系数都服从正态分布变量 $N(3.12, 0.1^2)$（单位 100 元）。

第三节 风险损失控制模型建立

一、目标函数

模型符号定义如附录符号 4.1 所示。第一个目标是最小化项目工期 T_{whole}，这里，使用最后一个工序的完成时间来标记项目工期，在充分考虑所有可能的执行模式情况下，将其描述为：

$$T_{whole} = \sum_{j=1}^{m_I} \sum_{t=t_I^{EF}}^{t_I^{LF}} t x_{Ijt} \tag{4-1}$$

第二个目标是最小化成本 C_{total}。一般情况下，项目经理会事先确定每项工序的预计完成时间以协调整个项目。因此，如果工序在预计时间之前或之后完成就会浪费预先配置的资源，或较长时间地占用资源造成对其他工序甚至整个项目的影响。因此，在工程实践中计算这些成本是非常必要的，相应的总成本表达为：

$$C_{total} = \sum_{i=1}^{I} c_i \Big(\sum_{j=1}^{m_i} \sum_{t=t_i^{EF}}^{t_i^{LF}} t x_{ijt} - t_i^E \Big) \tag{4-2}$$

此外，最大化资源流对项目也非常重要。资源约束时，有限的资源将根据库存事先做好准备以满足某一建设工程的需要。最大化所有的资源流可以保障事先准备的资源更加有效地使用，避免浪费。所以第三个目标是最大化资源流。

$$F_{resources}=\sum_{k=1}^{K_r}\sum_{j=1}^{m_i}\sum_{t=t_i^{EF}}^{t_i^{LF}}x_{ijt}r_{ijk_r}+\sum_{k=1}^{K_d}\sum_{j=1}^{m_i}\sum_{t=t_i^{EF}}^{t_i^{LF}}x_{ijt}r_{ijk_d} \quad (4-3)$$

二、约束条件

每项工序都必须有计划，以确保所有的工序如期进行，其完成时间必须在它最早完成时间和最迟完成时间之间。每项工序的执行模式的选择也是不能忽略的一个方面。为保障问题的一般可行性，每项工序都必须有一个完成时间，且在一定模式下的最早完成时间和最迟完成时间之间，如下：

$$\sum_{j=1}^{m_i}\sum_{t=t_i^{EF}}^{t_i^{LF}}x_{ijt}=1,\ i=1,2,\cdots,I \quad (4-4)$$

在项目调度中，优先序是保证安排合理性最重要的基本约束条件。在这一约束下，只有当所有的紧前工序以一定的模式完成后，紧后工序才能被安排。因此为了确保没有违反优先序约束，见下：

$$\sum_{j=1}^{m_e}\sum_{t=t_e^{EF}}^{t_e^{LF}}tx_{ejt}+\sum_{t=t_i^{EF}}^{t_i^{LF}}p_{ij}x_{ijt}\leqslant\sum_{j=1}^{m_i}\sum_{t=t_i^{EF}}^{t_i^{LF}}tx_{ijt},\ i=1,2,\cdots,I;e\in \mathrm{Pre}(i) \quad (4-5)$$

$\mathrm{Pre}(i)$是工序 i 的一项紧前活动。

在项目调度中，总资源消耗数量限制是非常重要的约束条件。可以用下面的方程来描述所有工序的资源消耗总和。当然，对所有的资源，应分别讨论随机数量限制和确定数量限制的情况。

$$\sum_{i=1}^{I}\sum_{j=1}^{m_i}r_{ijk_r}\sum_{s=t}^{t+p_{ij}+1}x_{ijs}\leqslant l_{k_r}^{M},\ k_r,\ t=1,2,\cdots,T \quad (4-6)$$

$$\sum_{i=1}^{I}\sum_{j=1}^{m_i}r_{ijk_d}\sum_{s=t}^{t+p_{ij}+1}x_{ijs}\leqslant l_{kd}^{M},\ k_d,\ t=1,2,\cdots,T \quad (4-7)$$

T 是一定时期内项目的适当数量。

在实际意义模型中，为描述一些非负变量和0-1的变量，提出下列约束

$$t_{ij}^{F}\geqslant 0,\ i=1,2,\cdots,I;\ j=1,2,\cdots,m_i \quad (4-8)$$

$$t_{ij}^{EF}\geqslant 0,\ i=1,2,\cdots,I;\ j=1,2,\cdots,m_i \quad (4-9)$$

$$t_{ij}^{LF}\geqslant 0,\ i=1,2,\cdots,I;\ j=1,2,\cdots,m_i \quad (4-10)$$

$$x_{ijt}=0\ or\ 1,\ i=1,2,\cdots,I;\ j=1,2,\cdots,m_i;\ t=1,2,\cdots,T \tag{4-11}$$

三、最终模型

基于上面的讨论，可以制定以下随机型多目标 rc-PSP / mM 模型：

$$\min T_{whole}=\sum_{j=1}^{m_I}\sum_{t=t_i^{EF}}^{t_i^{LF}}tx_{Ijt}$$

$$\min C_{total}=\sum_{i=1}^{I}c_i\left(\sum_{j=1}^{m_i}\sum_{t=t_i^{EF}}^{t_i^{LF}}tx_{ijt}-t_i^E\right)$$

$$\max F_{resources}=\sum_{k=1}^{K_r}\sum_{j=1}^{m_i}\sum_{t=t_i^{EF}}^{t_i^{LF}}x_{ijt}r_{ijk_r}+\sum_{k=1}^{K_d}\sum_{j=1}^{m_i}\sum_{t=t_i^{EF}}^{t_i^{LF}}x_{ijt}r_{ijk_d}$$

$$s.t.\begin{cases}\sum_{j=1}^{m_i}\sum_{t=t_i^{EF}}^{t_i^{LF}}x_{ijt}=1,\ i=1,2,\cdots,I\\ \sum_{j=1}^{m_e}\sum_{t=t_e^{EF}}^{t_e^{LF}}tx_{ejt}+\sum_{t=t_i^{EF}}^{t_i^{LF}}p_{ij}x_{ijt}\leqslant\sum_{j=1}^{m_i}\sum_{t=t_i^{EF}}^{t_i^{LF}}tx_{ijt},\ i=1,2,\cdots,I,e\in\mathrm{Pre}(i)\\ \sum_{i=1}^{I}\sum_{j=1}^{m_i}r_{ijk_r}\sum_{s=t}^{t+p_{ij}+1}x_{ijs}\leqslant l_{k_r}^M,\ k_r,\ t=1,2,\cdots,T\\ \sum_{i=1}^{I}\sum_{j=1}^{m_i}r_{ijk_d}\sum_{s=t}^{t+p_{ij}+1}x_{ijs}\leqslant l_{kd}^M,\ k_d,\ t=1,2,\cdots,T\\ t_{ij}^F\geqslant 0,\ i=1,2,\cdots,I;\ j=1,2,\cdots,m_i\\ t_{ij}^{EF}\geqslant 0,\ i=1,2,\cdots,I;\ j=1,2,\cdots,m_i\\ t_{ij}^{LF}\geqslant 0,\ i=1,2,\cdots,I;\ j=1,2,\cdots,m_i\\ x_{ijt}=0\ or\ 1,\ i=1,2,\cdots,I;\ j=1,2,\cdots,m_i;\ t=1,2,\cdots,T\end{cases} \tag{4-12}$$

三个目标都需要被优化，它们之间存在不一致性，是不可比较的。如果我们想让整个项目的工期缩短，成本及资源流都将受到影响。

一般来说，为了解决上述模型，需要将随机变量转变为确定性变量。最常用的处理方式是期望值模型（EVM），其主要描述不确定性的平均意义。在实践中，当项目经理想要得到平均水平意义下的满意措施时，EVM 模型对他们而言更加方便，且更容易实现。考虑到案例实际，对公式（4-12）使用随机优化理论，主要使用期望值模型处理目标和约束限制的随机系数。

四、等效模型

基于上面的讨论，我们用优化理论来解决提出的随机问题。一般而言，在编程中涉及不确定性时很难得到最优结果，因此有必要将随机转变为确定得到等效模型。同时，在一个随机环境中，有各种类型的等效模型。正因为如此，EVM 对不确定性的平均意义描述是最常见的使用方法，在随机不确定性和确定的转换中扮演着一个重要的角色。在实际现状中，当管理者想要得到平均水平意义的最佳管理措施时，EVM 对他们更加方便且更容易实现。因此，EVM 更常使用。考虑到实践事实，当施工经理想要得到最优回复管理时，我们主要使用 EVM 处理目标和约束限制的随机系数。这里，最优预期回复意味着最低递延成本。因此，目标函数（4-2）在本书可看作下式：

$$E[C_{total}, c_i] = E\left[\sum_{i=1}^{I} c_i\left(\sum_{j=1}^{m_i}\sum_{t=t_i^{EF}}^{t_i^{LF}} tx_{ijt} - t_i^E\right)\right] \quad (4-13)$$

i 是随机延迟成本系数。

同时，我们使用期望值模型处理资源约束方程的随机系数，如下：

$$E\left[\sum_{i=1}^{I}\sum_{j=1}^{m_i} r_{ijk_r}\sum_{s=t}^{t+p_{ij}+1} x_{ijs} - l_{k_r}^M\right] \leqslant 0,\ k_r = 1,2,\cdots,K_r;\ t = 1,2,\cdots,T \quad (4-14)$$

正如我们所知，过早和递延成本系数是完全独立分布的随机变量，表示为 c_1，$c_2,\cdots,c_i,\cdots,c_I$。$\phi_i(x)$ 和 $\Phi_i(x)$ 分别表示概率密度函数和分布函数。这里我们定义 $a_i = \left(\sum_{j=1}^{m_i}\sum_{t=t_i^{EF}}^{t_i^{LF}} tx_{ijt} - t_i^E\right)$，$i = 1,\ 2,\ \cdots,\ I$，得到下式：

$$E\left[\sum_{i=1}^{I} a_i c_i\right] = E[a_1c_1 + a_2c_2 + \cdots + a_ic_i + \cdots + a_Ic_I] \quad (4-15)$$

根据定理 4. 8 和定理 4. 9，我们可由公式（4-15），得到：

$$\begin{aligned} E\left[\sum_{i=1}^{I} a_i c_i\right] &= E[a_1c_1] + E[a_2c_2] + \cdots + E[a_ic_i] + \cdots + E[a_Ic_I] \\ &= a_1E[c_1] + a_2E[c_2] + \cdots + a_iE[c_i] + \cdots + a_IE[c_I] = \sum_{i=1}^{I} a_iE[c_i] \end{aligned}$$

引入定理 4.7，我们可以将期望值目标函数转化为：

$$E\Big[\sum_{i=1}^{I} a_i c_i\Big] = \sum_{i=1}^{I} a_i \int_{-\infty}^{+\infty} x_i \Phi_i(x)\, dx_i = \sum_{i=1}^{I} a_i \int_{-\infty}^{+\infty} x_i d\Phi_i(x)$$

基于以上，目标函数的期望值可以转化为下式（$\Phi_i(x)$ 是随机递延成本 c_i 的分布函数）：

$$E[C_{total}, c_i] = E\Big[\sum_{i=1}^{I} c_i\Big(\sum_{j=1}^{m_i}\sum_{t=t_i^{EF}}^{t_i^{LF}} t x_{ijt} - t_i^E\Big)\Big]$$

$$= \sum_{i=1}^{I}\Big(\sum_{j=1}^{m_i}\sum_{t=t_i^{EF}}^{t_i^{LF}} t x_{ijt} - t_i^E\Big) E[c_i]$$

$$= \sum_{i=1}^{I}\Big(\sum_{j=1}^{m_i}\sum_{t=t_i^{EF}}^{t_i^{LF}} t x_{ijt} - t_i^E\Big)\Big(\int_{-\infty}^{+\infty} x_i d\Phi_i(x)\Big)$$

另一个方面，当考虑 $\Phi_{k_r}(y)$ 是随机资源限制 $l_{k_r}^M$ 的分布函数时，方程（4-14）可转化为：

$$E\Big[\sum_{i=1}^{I}\sum_{j=1}^{m_i} r_{ijk_r}\sum_{s=t}^{t+p_{ij}+1} x_{ijs} - l_{k_r}^M\Big] \leqslant 0,\ k_r = 1,2,\cdots,K_r;\ t = 1,2,\cdots,T$$

$$\sum_{i=1}^{I}\sum_{j=1}^{m_i} r_{ijk_r}\sum_{s=t}^{t+p_{ij}+1} x_{ijs} - E[l_{k_r}^M] \leqslant 0,\ k_r = 1,2,\cdots,K_r;\ t = 1,2,\cdots,T$$

$$\sum_{i=1}^{I}\sum_{j=1}^{m_i} r_{ijk_r}\sum_{s=t}^{t+p_{ij}+1} x_{ijs} \leqslant E[l_{k_r}^M] \leqslant \Big(\int_{-\infty}^{+\infty} y_{k_r} d\Phi_{k_r}(y)\Big),\ k_r = 1,2,\cdots,K_r;\ t = 1,2,\cdots,T$$

因此，通过期望值转换的过程，目标函数和资源限制在确定的条件下可以得到解决。我们的 EVM 问题进一步说明如下：

$$\min T_{whole} = \sum_{j=1}^{m_I}\sum_{t=t_I^{EF}}^{t_I^{LF}} t x_{Ijt}$$

$$\min T_{whole} = \sum_{j=1}^{m_I}\sum_{t=t_I^{EF}}^{t_I^{LF}} t x_{Ijt}$$

$$\min C_{total} = \sum_{i=1}^{I}\Big(\sum_{j=1}^{m_i}\sum_{t=t_i^{EF}}^{t_i^{LF}} t x_{ijt} - t_i^E\Big)\Big(\int_{-\infty}^{+\infty} x_i d\Phi_i(x)\Big)$$

$$\max F_{resources} = \sum_{k=1}^{K_r}\sum_{j=1}^{m_i}\sum_{t=t_i^{EF}}^{t_i^{LF}} x_{ijt} r_{ijk_r} + \sum_{k=1}^{K_d}\sum_{j=1}^{m_i}\sum_{t=t_i^{EF}}^{t_i^{LF}} x_{ijt} r_{ijk_d}$$

$$
s.t.\begin{cases}
\sum_{j=1}^{m_i}\sum_{t=t_i^{EF}}^{t_i^{LF}} x_{ijt}=1,\ i=1,2,\cdots,I \\
\sum_{j=1}^{m_e}\sum_{t=t_e^{EF}}^{t_e^{LF}} tx_{ejt}+\sum_{t=t_i^{EF}}^{t_i^{LF}} p_{ij}x_{ijt}\leqslant \sum_{j=1}^{m_i}\sum_{t=t_i^{EF}}^{t_i^{LF}} tx_{ijt},\ i=1,2,\cdots,I;e\in \mathrm{Pre}(i) \\
\sum_{i=1}^{I}\sum_{j=1}^{m_i} r_{ijk_r}\sum_{s=t}^{t+p_{ij}+1} x_{ijs}\leqslant \left(\int_{-\infty}^{+\infty} y_{k_r}d\Phi_{k_r}(y)\right),\ k_r=1,2,\cdots,K;\ t=1,2,\cdots,T \\
\sum_{i=1}^{I}\sum_{j=1}^{m_i} r_{ijk_d}\sum_{s=t}^{t+p_{ij}+1} x_{ijs}\leqslant l_{kd}^{M},\ k_d=1,2,\cdots,K_d;\ t=1,2,\cdots,T \\
t_{ij}^{F}\geqslant 0,\ i=1,2,\cdots,I;\ j=1,2,\cdots,m_i \\
t_{ij}^{EF}\geqslant 0,\ i=1,2,\cdots,I;\ j=1,2,\cdots,m_i \\
t_{ij}^{LF}\geqslant 0,\ i=1,2,\cdots,I;\ j=1,2,\cdots,m_i \\
x_{ijt}=0\ or\ 1,\ i=1,2,\cdots,I;\ j=1,2,\cdots,m_i;\ t=1,2,\cdots,T
\end{cases}
\tag{4-16}
$$

第四节　求解算法及案例应用

一、求解算法

rc-PSP /mM 问题属于典型 NP-hard 类型。因此学者们提出了一些启发式方法和具体算法，解决其求解困难问题。基于对上述模型的全面理解，本章提出了一种更加合理和有效的新算法来解决多目标随机情况下的 rc-PSP /mM，即：(r) a-hGA 方法。此算法由处理随机变量的随机模拟遗传算法（GA）(r)，处理多目标的加权求和过程，以及处理 rc-PSP / mM 的自适应混合遗传算法（a-hGA）组合而成。

针对需解决的问题，算法步骤如下：

步骤 1：设置遗传算法的初始值和参数（种群数量 *pop_size*、交叉概率 p_c、突变概率 p_m 和最大进化代数 max_*gen*）。

步骤 2：形成初始种群。

步骤 3：遗传算子，交叉和变异。

步骤 4：在 GA 循环中应用迭代爬山法。

步骤 5：评价和选择。

步骤 6：对自适应地调节 GA 参数应用启发式探索（即交叉率和变异算子）。

步骤 7（停止条件）：如果在遗传搜索过程中达到一个预定义的最大代数或最优解，就停止，否则转到步骤 3。

具体的程序步骤如附录程序 4.1 所示例。

二、案例分析

案例是一个标段的城际间高速公路建设工程项目，其中包括桥梁建设的安装工程任务，如下图 4.2 所示。项目经理需要优化项目工作，但却面对不确定的情况，如资源供应取决于市场供给和需求的变化，在本章前面已完成风险的识别和评估。使用提出的模型和方法来帮助进行安装工程的调度。项目安装工程有十项工序，两个虚工序，每个工序都有一定的执行模式，时间单位为周，相应的数据如下表 4.1 所示。

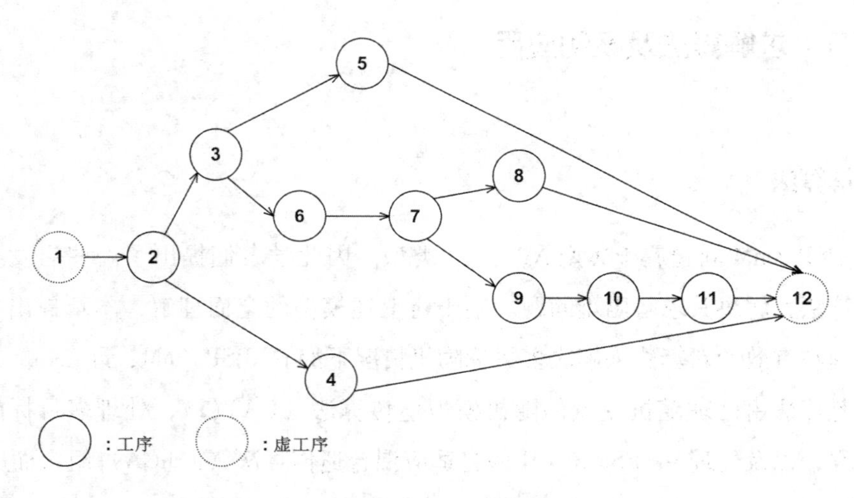

图 4.2　项目安装工程示例

表 4.1　　工序数据（w）

节点	1	2	3	4	5	6
名称	虚工序	浇筑圆柱	建立主梁，预制桥跨结构	调试和运行桥体结构 1	浇筑圆柱	立墙
模式	1	2	3	3	2	3
紧后	2	3，4	5，6	12	12	7
预计完成时间	——	14	3	8	10	13
节点	7	8	9	10	11	12
名称	构筑框架结构	调试和运行桥体结构 2	铺设防潮层	安装护栏	防水	虚工序
模式	3	3	2	3	3	1
紧后	8，9	12	10	11	12	——
预计完成时间	8	7	5	5	4	——

与此同时，调度中涉及三种类型的资源，即人力、设备和材料。这里，为了方便统一计算不同类型的单个资源和在第三个目标资源流的三种资源，一致测量所有资源的消耗量，将其转换成现金消耗（单位 1 000 元）。提前和延期成本系数和材料资源限制可视为完全独立分布的随机变量，如前面风险识别和评估所论。确定型的另外两个资源消耗分别是 5.11（单位 1 000 元）和 4.97（单位 1 000 元）。每个工序资源消耗的详细数据如下表 4.2 所示。

表 4.2　　工序执行模式的资源消耗（1 000 元）

工序	模式	持续时间	资源消耗		
			人力	机械	材料
1			虚工序		
2	1	15	4.10	3.86	2.12
	2	13	3.20	5.01	2.92
3	1	3	2.07	3.11	1.86
	2	2	2.82	2.02	1.13
	3	1	1.91	2.10	1.25
4	1	9	4.11	3.18	1.94
	2	6	2.10	3.10	2.20

表4.2(续)

工序	模式	持续时间	资源消耗		
			人力	机械	材料
	3	4	1.98	1.14	1.25
5	1	11	4.89	3.02	2.20
	2	9	4.01	2.14	1.01
6	1	14	4.21	3.15	2.08
	2	13	5.10	1.96	3.10
	3	11	3.05	3.81	4.87
7	1	8	3.94	1.98	2.20
	2	6	4.07	3.01	3.20
	3	5	3.14	0.97	1.96
8	1	8	2.99	3.12	1.96
	2	6	4.32	1.88	3.75
	3	4	2.12	0.99	1.86
9	1	5	3.23	3.04	2.17
	2	3	3.86	2.98	2.24
10	1	6	4.89	1.89	2.99
	2	4	4.12	2.29	2.96
	3	3	3.16	1.87	1.14
11	1	5	3.83	2.10	3.11
	2	4	3.02	2.17	2.93
	3	3	2.11	0.98	3.10
12	虚工序				

应用提出的模型（4-12）到案例中，基于Visual C++的运行（r）a-hGA算法。程序运行参数设置为：种群规模为20，交叉和变异率分别为0.6和0.1，最大进化代数是200。

可以得到调度解决方案：目标函数的最优值 $T^*_{whole}=52$（周），$C^*_{total}=15\ 890$（元），$F^*_{resources}=77\ 000$（元）。工序进度顺序如表4.3所示。

表 4.3　　案例工序进度顺序

工序顺序	2	3	6	4	7	9	8	10	11	5
模式	2	3	3	3	3	1	3	3	1	2
最优适应值	0.505 5									
最优迭代数	67									

可以看到，用提出的模型及算法能够有效解决问题。该方法对处理一些复杂的问题都是可行且有效的。

目前，确实存在许多可行的算法来解决 rc-PSP /mM 问题。本章所提出的新算法（r)a-hGA，其由随机模拟遗传算法（GA)(r）处理随机变量，加权求和过程处理多目标，自适应混合遗传算法（a-hGA）处理 rc-PSP / mM 组合而成。目的在于更加合理和有效地解决随机情况下多目标的 rc-PSP / mM。此方法专门使用随机模拟技术来解决多重积分的期望值模型。加权求和是一个基本且实用的使用方法，在管理实践时往往集中多个目标，反映出项目经理对每个目标重要性的看法。考虑到遗传算法，为工序优先级提出了优先级编码，为活动模式提出了多级编码，对于遗传算法编码有相应的解码，专为 rc-PSP / mM 设计，以便于更加有效地处理约束和不确定的方程模型。

在本章中，还通过使用相同的程序语言，将（r)a-hGA 与（r)GA（随机模拟遗传算法）和（r)hGA（随机模拟混合遗传算法）比较，可以看到提出的（r)a-hGA 的效率和有效性更好。(r)GA 是由擅长随机模拟的 John 和 Holland 创建的算法，(r)hGA 是由擅长随机模拟的 Michalewicz 创建的遗传算法。三个算法使用相同的遗传算法参数（交叉和变异比率分别为 0.6 和 0.1），算法迭代过程如图 4.3 所示。

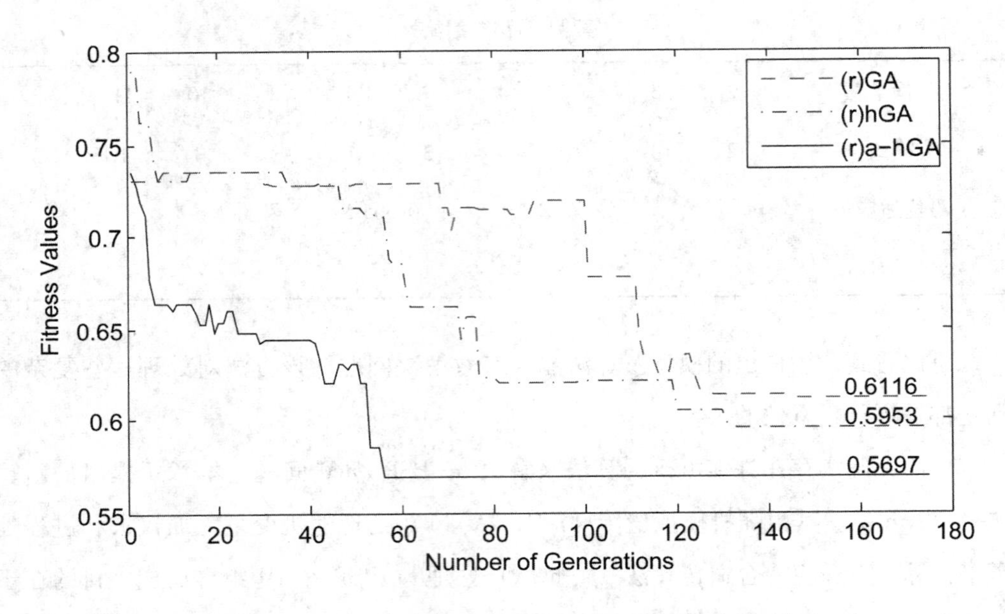

图 4.3 (r)GA、(r)hGA、a-hGA(r)应用程序的迭代过程

从上面的图表，可以分析收敛行为，并得出结论，即 (r)a-hGA 明显优于其他两个。根据上图趋势，可以清楚地看到这三种算法开始的初始结果可能无所区别。然而，随着算法的继续，a-hGA 的迭代次数超过其他两个，这显然可以更快地得到收敛结果。

为了进一步验证算法的结果，以不同的 *pop_size* 和 *max_gen* 运行案例问题，避免进化环境所产生的影响。每个数值实验运行 10 次，如表 4.4 所示。

表 4.4 (r)GA，(r)hGA，(r)a-hGA 的比较

（ACT，平均计算时间；AIT，平均迭代数）

序号	种群规模	最大迭代数	(r)a-hGA		(r)hGA		(r)GA	
			ACT	AIT	ACT	AIT	ACT	AIT
1	10	100	1.02	76	1.32	90	2.85	96
2	20	200	2.21	67	3.30	77	3.58	95
3	30	300	2.38	62	3.38	63	7.30	90

上表显示，对于这个问题，(r)a-hGA 比其他的结果更好。当算法在不同的进化环境下运行时，可以得到每个算法的平均计算时间（ACT）和平均迭代次数

(AIT)。一方面，可以看到(r)a-hGA平均计算时间和平均迭代次数较低，它可以更快地得到收敛结果；另一方面，为了确保更有效和更好的结果，对实验设置合理种群规模和最大迭代数非常重要。

通过三种算法结果的比较分析，可以得出结论，(r)a-hGA可以持续有效地获得一个更好的结果。

第五章　大型水利水电建设工程项目质量风险损失控制——模糊型

[大型水利水电建设工程项目依托于庞大的供应链系统，这对质量保障提出了更高的要求。

在当下连续变化的高风险环境下，适应性的质量管理方法和可行的管理工具是必要的，强调解决预先存在的问题比事后补救更加重要。]

——预制质量失效模式的不确定性导致模糊型风险

第一节　项目问题概述

在21世纪，一个发达市场的供应链不再是一个简单的形式（供应商、服务和客户），而是多层、跨区域的，甚至可成为全球供应链的国际连锁节点（GSC）。在这种情况下，供应链已经演变成一个复杂的系统，依靠多站点组装的高度集成的环球资源分销系统。虽然过程中难免面临难以预测的多变的情况，但这显然是诸如大规模的跨区域建设项目（以典型的大型的水利水电建设工程项目为代表）所面临的现状。

因此，在GSC的DA中，许多重要的行业，如大型的水利水电建设工程项目在一个国家的发展中扮演着一个重要的角色，亟需更多更具有针对性的质量管理标准或方法。特别是，如何结合如“敏捷性”和持续变化这些特点有效体现在GSC的DA中，确实是行业中迫切需要解决的问题。本章着重考虑的问题是：为项目供应过程中基础且重要的生产、技术环节中潜在的质量问题提出建议，保障其在不同的

GSC 中的 DA 生命周期实施顺利。

一、对 GSC 中 DA 的简要叙述

DA 的出现是为了适应 GSC 中的“敏捷性”和连续变化的特点。正如我们所知，供应链是一个网，由很多企业作为链节点。随着市场波动，DA 被创建、运作及解散，然后一次又一次地快速重组，旨在为服务市场已经预见到的需求服务。在 DA 的整个生命周期内，很多企业会将采购、生产、交付和其他功能等工作打包。图 5.1 显示了 GSC 中 DA 重组的整个生命周期。

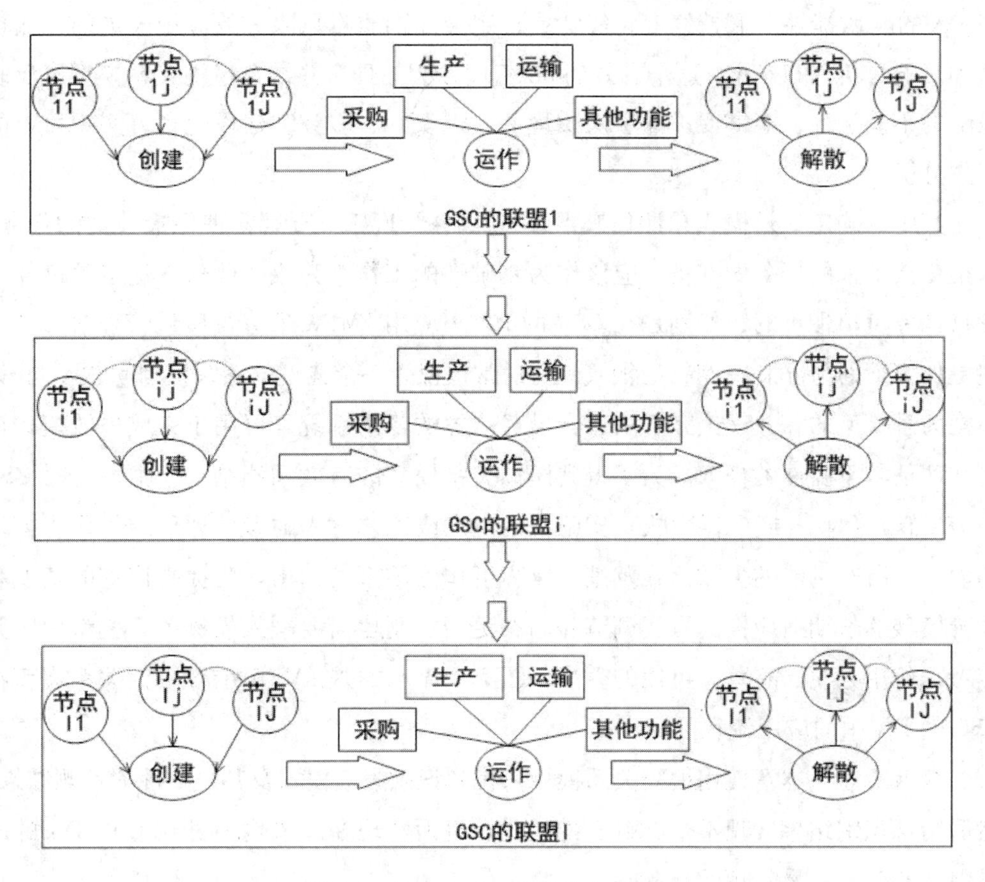

图 5.1　GSC 中 DA 重组的生命周期

在创建阶段，针对一个新的市场，选择居于不同层次和拥有不同地位的节点企业迅速结成联盟。然后，这些链节点为实现 GSC 的目标将分别实施自己的职能。目

标实现后，联盟将解散。当以另一个新市场为目标时，另一个新的联盟将创建并且开始新的生命周期。

二、FMEA 在 GSC 中 DA 的简述

在 GSC 中，DA 整个生命周期的创建、运作、解散会一次又一次地重复。工程项目团队通过不同的链节点企业实现基本且重要的生产、技术环节。而不同企业的资质和实施经验让他们即便面对同一个生产或技术环节都有可能存在不同的潜在问题，且甚至出现成倍放大问题，严重影响整个生产、服务、建设过程。因此，GSC 中 DA 的“敏捷性”和持续变化等特点肯定会加剧质量风险。故应用先进的失效模式和影响分析（FMEA）这个有效的 6δ 管理方法工具，并结合模糊关系模型来反映风险的不确定性，能够促进深层次质量的改进设计、服务和建设过程，实现可靠的事先分析。

其中，确定失效模式和评估其严重性是整个 FMEA 质量管理中最关键的任务，这是为接下来的任务做准备，应该作为基础性的工作来完成。此外，这也是最耗时的且任务负担最重的，特别是在 GSC 的 DA 中应用 FMEA 来进行质量管理时，会出现更加繁琐的情况。在控制论领域，这通常被视为一个典型的系统识别问题。同时，模糊关系模型的相关理论和方法适合描述这样的复杂系统，可用于完成失效模式识别和评估其重要性的任务。为了得到模糊关系模型的有效预测结果，本章将对 GSC 中 DA 节点企业（或项目团队）实施基本生产或工艺过程的参数评估结果作为模型的输入，所有可能的失效模式及其严重程度作为模型的输出。为提高识别的精度和改善模型的长期适应性，自我调节和动态更新机制也需要融入模糊关系模型中，并应考虑使用方便、有效、可用的算法。图 5. 2 显示的是 FMEA 结合模糊关系模型在 GSC 的 DA 中的应用流程图。

综上所述，本章使用模糊关系模型来得到识别失效模式及其严重性的预测结果，然后结合识别结果实现整个 FMEA 的过程，进而实现在高风险下对 GSC 中 DA 的质量保证和改善质量管理的目标。

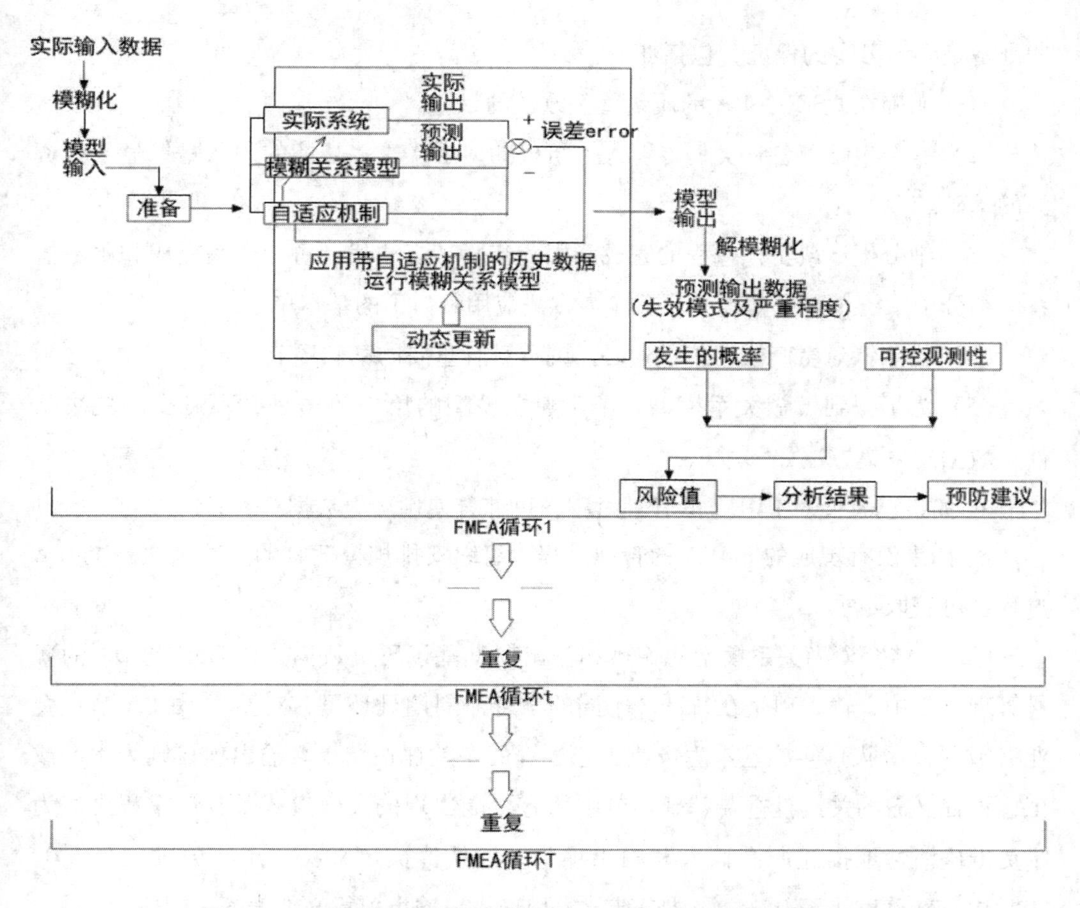

图 5.2 FMEA 结合模糊关系模型在 GSC 中 DA 中的应用流程图

第二节 风险损失控制模型建立

本章的质量风险损失控制建模的是定量和定性结合的，模型符号定义如附录符号 5.1 所示。模型始于 GSC 中 DA 节点企业（或项目团队）实施基本生产或工艺的过程，这意味着一个新的动态联盟已经创建了，如图 5.2 所示。

一、前期准备阶段

为了实现提出的质量管理 FMEA 模糊关系模型在 GSC 中 DA 的应用，充分的前期准备是必不可少的保证，包括如下：

（1）明确在 GSC 中 DA 的质量管理改进的目标。

（2）一个集结了各种类型专业人士组成的多层次、多功能的团队是保障人力资源的基础。

（3）细分生产或工艺过程的完成和服务步骤。必须找到每个产品完成和服务体系的细分子系统，以最基础的环节作为方法应用和讨论的基本单位。

（4）找到针对生产或工艺过程必需的关键且重要的基础环节。

（5）为了得到模糊关系模型，用于建立模型的历史数据是必不可少的先决条件。数据的采集方法如下所示：

- 如果已有针对 FMEA 的管理过程，可综合使用历史数据。
- 如果没有现成的 FMEA 的管理过程，组织安排规模适宜的实验来执行 FMEA 过程也可获取数据。

FMEA 结合模糊关系模型的输入和输出项都基于历史数据。在 GSC 的 DA 的质量管理应用中，输入项是在每一个不同的全寿命周期循环里，对 GSC 中 DA 节点企业（或项目团队）实施基本生产或工艺过程的参数评估结果。输出项目则为生产或工艺过程必需的关键且重要基础环节中所有可能出现的失效模式及其严重程度。为了更准确清楚地描述所有输入和输出项目，评估值被定义在一个实数的边界 [0, 10] 内，精确度可至 0.1。评估标准及模型输入、输出项意义如表 5.1 中所示。

表 5.1　评估标准及模型输入、输出项意义

输入

质量等级	极好	非常优秀	优秀	非常好	好	中等	不错	较为不错	糟糕	非常糟糕	不合格
价值	10	9	8	7	6	5	4	3	2	1	0

输出

失效模式的严重程度	严重没有报警	严重带有报警	非常高	高	中等	低	非常低	轻微	十分微弱	极其微弱	没有
价值	10	9	8	7	6	5	4	3	2	1	0

二、失效模式及其严重程度

基于充分的准备，应用 FMEA 质量管理首要也是最重要的阶段是失效模式及其严重程度的识别。当一个确定的输入出现时，其模糊关系模型是由历史数据结合自我优化和动态更新机制预测而来。这里，把每一个在 GSC 中 DA 的节点企业（或项目团队）实施基本生产或工艺的过程，在每个不同的全寿命周期循环的历史作为一期的数据。考虑到输入和项目，可以根据实施者的资格以及产品、服务过程按类型去确认进而可以避免重项和漏项。

1. 模糊的输入和输出数据

在［0，10］中划分 10 等级的输入和输出数据，每个的定义如下：

$$G_k \triangleq [k-1,\ k]$$

然后，基于这 10 等级建立 10 个模糊集合，确认每个模糊集的隶属度函数。在这里，在公式（5-1）使用一个梯形模糊变量，它可以用来准确地描述评价的模糊属性值。

$$\mu_1(x)=\begin{cases}1, if\ 0\leqslant x\leqslant 0.75\\ \dfrac{x-1.5}{0.75-1.5}, if\ 0.75\leqslant x\leqslant 1.5\end{cases};\quad \mu_2(x)=\begin{cases}\dfrac{x-0.5}{1.25-0.5}, if\ 0.5\leqslant x\leqslant 1.25\\ 1, if\ 1.25\leqslant x\leqslant 1.75\\ \dfrac{x-2.5}{1.75-2.5}, if\ 1.75\leqslant x\leqslant 2.5\end{cases};$$

$$\mu_3(x)=\begin{cases}\dfrac{x-1.5}{2.25-1.5}, if\ 1.5\leqslant x\leqslant 2.25\\ 1, if\ 2.25\leqslant x\leqslant 2.75\\ \dfrac{x-3.5}{2.75-3.5}, if\ 2.75\leqslant x\leqslant 3.5\end{cases};\quad \mu_4(x)=\begin{cases}\dfrac{x-2.5}{3.25-2.5}, if\ 2.5\leqslant x\leqslant 3.25\\ 1, if\ 3.25\leqslant x\leqslant 3.75\\ \dfrac{x-4.5}{3.75-4.5}, if\ 3.75\leqslant x\leqslant 4.5\end{cases};$$

$$\mu_5(x)=\begin{cases}\dfrac{x-3.5}{4.25-3.5}, if\ 3.5\leqslant x\leqslant 4.25\\ 1, if\ 4.25\leqslant x\leqslant 4.75\\ \dfrac{x-5.5}{4.75-5.5}, if\ 4.75\leqslant x\leqslant 5.5\end{cases};\quad \mu_6(x)=\begin{cases}\dfrac{x-4.5}{5.25-4.5}, if\ 4.5\leqslant x\leqslant 5.25\\ 1, if\ 5.25\leqslant x\leqslant 5.75\\ \dfrac{x-6.5}{5.75-6.5}, if\ 5.75\leqslant x\leqslant 6.5\end{cases};$$

$$\mu_7(x)=\begin{cases}\dfrac{x-5.5}{6.25-5.5}, if\ 5.5\leqslant x\leqslant 6.25\\ 1, if\ 6.25\leqslant x\leqslant 6.75\\ \dfrac{x-7.5}{6.75-7.5}, if\ 6.75\leqslant x\leqslant 7.5\end{cases};\quad \mu_8(x)=\begin{cases}\dfrac{x-6.5}{5.75-6.5}, if\ 6.5\leqslant x\leqslant 7.25\\ 1, if\ 7.25\leqslant x\leqslant 7.75\\ \dfrac{x-8.5}{7.75-8.5}, if\ 7.75\leqslant x\leqslant 8.5\end{cases};$$

$$\mu_9(x)=\begin{cases}\dfrac{x-7.5}{8.25-7.5}, if\ 7.5\leqslant x\leqslant 8.25\\ 1, if\ 8.25\leqslant x\leqslant 8.75\\ \dfrac{x-8.5}{8.75-9.5}, if\ 8.75\leqslant x\leqslant 9.5\end{cases};\quad \mu_{10}(x)=\begin{cases}\dfrac{x-8.5}{9.25-8.5}, if\ 8.5\leqslant x\leqslant 9.25\\ 1, if\ 9.25\leqslant x\leqslant 10\end{cases}$$

(5-1)

基于模糊集的隶属函数(5-1),可以由输入和输出项变量(例如 I_{mt}、O_{nt})决定某些模糊集的模糊属性,如公式(5-2)和(5-3)所示。

因此,可以找出模糊集中每个输入和输出项变量对应的属性。因此,输入和输出数据的模糊化就可以完成。

如果 $\mu_{F_s}(I_{mt})=\max[\mu_{F_1}(I_{mt}),\mu_{F_2}(I_{mt}),\cdots,\mu_{F_s}(I_{mt})]$,

I_{mt}对 F_s 的属性定义为:

$$F(I_{mt}),\mu(I_{mt})=\mu_{F(I_{mt})}(I_{mt}) \tag{5-2}$$

如果 $\mu_{F_s}(O_{nt})=\max[\mu_{F_1}(O_{nt}),\mu_{F_2}(O_{nt}),\cdots,\mu_{F_s}(O_{nt})]$,

O_{nt}对 F_s 的属性定义为:

$$F(O_{nt}),\mu(O_{nt})=\mu_{F(O_{nt})}(O_{nt}) \tag{5-3}$$

2. 确认模糊关系模型的结构

模糊关系模型是一个预测性的模型。它是由输入项通过一系列模糊关系规则配置从而得到输出项的结果值。通过对输入和输出项变量的相关分析可以获得预测模型产生的预测价值。因此，确认输入和输出项的结构变量主要是依赖相关分析。另外，本章建立的识别系统模型可进行多个输入和多个输出，因此，得出的所有的输出项变量都是在模糊关系模型中通过输入变量得出的精确的确认结果。此外，时滞是不能忽视的可配置因素。因此，进行相关分析的目的是分析每个输出项的变量本身和所有输入项变量考虑时滞的情况下的相关性。所以，确认结构如公式（5-4）

所示：

$$[I_{1(t-a)},\cdots,I_{m(t-a)},\cdots,I_{M(t-a)},O_{n(t-a)},O_{nt}]$$
$$a=1,2,\cdots,A,b=1,2,\cdots,B;\ n=1,2,\cdots,N \tag{5-4}$$

针对每一个输出项变量本身和所有其他输入项变量，考虑时间延迟的情况下做质量相关分析。以建立的模糊集合为索引，使用各个不同的全寿命周期中每个输入和输出项变量作为分析数据。这些相关分析结果给出了由原始输入项变量当前时期的可用输入项变量，以及原始输入项变量的时间滞后和原始输出项变量的时间滞后时期。定义新组成的输入项 x_{lt}， 指数 l 表示输入项变量，滞后时期为 t。

另外，考虑到提出的模型所要表达的意义以及在 GSC 中 DA 的实际应用的事实，不同实施者的质量和评估价值不会对彼此造成多大的影响，也就是说，不需要考虑过多的时间滞后的相关分析。因此，为每个输入和输出项变量扩大两个周期的相关分析时间就足够了。

3. 确认模糊关系规则

在确认的每个输出本身和所有输入项目考虑时间延迟的基础上，根据模糊规则怎样去预测每个特定的输入项的输出项是关键问题。在这里，通过相关分析，可以相对于输出项变量而言，考虑可使用的输入项变量。

下面是如何获得每个输出项变量的模糊关系规则的过程。

第一步：计算在所有 t 时内，所有有效的输入和输出数据的可能性分布模糊集如下所示：

$$\begin{cases} p_{lts}\triangleq poss(F_s\mid x_{lt})=\text{supmin}[F_s(x_{lt}),\mu(x_{lt})], \\ l=1,2,\cdots,L;\ s=1,2,\cdots,S \\ p_{nts}\triangleq poss(F_s\mid O_{nt})=\text{supmin}[F_s(O_{nt}),\mu(O_{nt})], \\ n=1,2,\cdots,N;\ s=1,2,\cdots,S \end{cases} \tag{5-5}$$

这里，设定 $\mu(x_{lt})$ 是隶属 x_{lt} 的函数，$\mu(O_{nt})$ 是隶属 O_{nt} 的函数。

第二步：构造向量 $t=1,2,\cdots,T$，如下所示：

$$\begin{cases} p_{lt}=[p_{lt1},\cdots,p_{lts},\cdots,p_{ltS}],\ l=1,2,\cdots,L \\ p_{nt}=[p_{nt1},\cdots,p_{nts},\cdots,p_{ntS}],\ l=1,2,\cdots,n \end{cases} \tag{5-6}$$

第三步：构造在所有 t 时期模糊关系规则 R_{nt}，如下所示：

$$R_{nt}=p_{1t}\times\cdots p_{lt}\times\cdots p_{Lt}\times p_{nt},\ n=1,2,\cdots,N \tag{5-7}$$

这里，×表示笛卡尔操作，如下所示：

$$\begin{aligned}&R_{nt}(1_r,\cdots,l_r,\cdots,L_r,n_r)=\min[p_{1t1_r},\cdots,p_{ltl_r},\cdots,p_{LtL_r},p_{ntn_r}]\\&1_r,\cdots,l_r,\cdots,L_r,n_r=1,2,\cdots,S;\ n=1,2,\cdots,N\end{aligned} \tag{5-8}$$

这里，使用最大、最小运算符，$1_r,\cdots,l_r,\cdots,L_r,n_r=1,2,\cdots,S$ 表示笛卡尔操作的维度。

第四步：计算 n 的综合模糊关系规则输出项变量，如下所示：

$$\begin{aligned}&R_n=\cup_{t=1}^{T}R_{nt}\\&i.e.\\&R_n(1_r,\cdots,l_r,\cdots,L_r,n_r)=\vee_t^T R_{nt}(1_r,\cdots,l_r,\cdots,L_r,n_r)\\&1_r,\cdots,l_r,\cdots,L_r,n_r=1,2,\cdots,S;\ n=1,2,\cdots,N\end{aligned} \tag{5-9}$$

4. 预测输出

当模糊关系规则 R_{nt} 对 n 输入项变量是已知的，那么获得输出项变量的预测价值如下所示：

第一步：找到在周期 t 最邻近的每个新输入项变量 x_{1t}，$l=1,2,\cdots,L$ 的模糊集 $F_{1t\lambda}$，其中 λ_l 如下所示：

$$\lambda_l=\{s\mid p_{lts}>q,\ s=1,2,\cdots,S\},\ l=1,2,\cdots,L \tag{5-10}$$

在这里，$0<q<1$ 是预先设定的值。

第二步：如果 λ_l 是独立的，预测输出的模糊集变量属性如下所示：

$$\begin{aligned}&\overline{F_{O_{nt}}}=\max_{n_s}\min[R_n(\lambda_1,\cdots,\lambda_l,\cdots,\lambda_L,n_s),\mu(O_{nt})]\\&n=1,2,\cdots,N;\ n_s=1,2,\cdots,S\end{aligned} \tag{5-11}$$

如果 λ_l 不是独立的，定义为 $\lambda_1^{(1)}$，…，$\lambda_l^{(e)}$，…，$\lambda_L^{(E)}$，将（5-11）转化，如下所示：

$$\begin{aligned}&\overline{F_{O_{nt}}}=\max_{\lambda_1^{(e)}}\cdots\max_{\lambda_l^{(e)}}\cdots\max_{\lambda_L^{(e)}}\max_{n_s}\min[R(\lambda_1,\cdots,\lambda_l,\cdots,\lambda_L,n_s),\mu(O_{nt})]\\&l=1,2,\cdots,L;\ \lambda_l=\lambda_l^{(1)},\cdots,\lambda_l^{(e)},\cdots,\lambda_l^{(E)};\ n=1,2,\cdots,N;\ n_s=1,2,\cdots,S\end{aligned} \tag{5-12}$$

第三步：根据隶属函数预测模糊集合使用的区域，输出项变量的预测价值用 $\overline{O_{nt}}$

来表示。

5. 检查有效性规则

在获得模糊关系规则后，检查有效性规则是十分必要的。这里通过计算输出项变量实际的平均方差和预测价值来获得，如公式（5-13）所示：

$$P_n = \frac{1}{T}\sum_{t=1}^{T}(O_{nt} - \overline{O_{nt}})^2 \tag{5-13}$$

6. 自我调节优化和动态更新机制

显然地，模糊关系模型是根据输入和输出的数据在一系列时期之上建立的。因此，为了提高预测的精度，可以提出基于模型评估价值和预测价值之间误差，调整模糊关系规则，步骤如下：

步骤 1：随机选择一组针对某模糊关系规则的输入项变量值和合理范围内预测的输出项变量值。

步骤 2：计算选定的模糊关系规则的实际评估价值和预测价值的误差，如公式（5-14）所示：

$$error_{nt'} = O_{nt'} - \overline{O_{nt'}} \tag{5-14}$$

步骤 3：如果 $error_{nt'} = 0$，那么执行另一个规则，否则，实际评估价值将取代预测值。

此外，随着时间的推移，实际系统是变化的，所以一个动态更新的模糊规则是必要的，由此提出的适应性模型，如下所示：

步骤 1：通过模糊关系模型与特定的输入项变量的值计算一个针对输出项变量的预测价值。

步骤 2：如果不能完成步骤 1，也就意味着使用这个特定的评估值无法完成失效模式识别以及严重程度评估的过程。因此可以得到一个新的模糊关系规则，并将其添加到针对输出的模糊关系模型中。

步骤 3：否则，动态更新过程结束。

7. 稳定性分析

任何一个预测模型，稳定性分析是必需的。考虑到公式（5-14），使用李雅普诺夫函数，如下所示：

$$V(error,time)=\frac{1}{2}error^{Time}(time)e(time)>0 \tag{5-15}$$

这里 $error^{Time}(time)$ 近似为 $error^{Time}(time_t)=\frac{1}{2}[error(time_{t+l})-error(time_t)]/Time_h$，其中，$Time_h$ 是采样时间，由此得公式（5-16）：

$$\dot{V}(error,time_t)=\frac{1}{Time_h}error^{Time}(time_t)[e(time_t+1)-e(time_t)] \tag{5-16}$$

定义 $\dot{V}_t \triangleq \dot{V}(error,time_t),error \triangleq error(time_t)$，即公式（5-17）：

$$\dot{V}_t=\frac{1}{Time_h}[-error_t^{Time}error_t+error_t^{Time}(O_{t+1}-\overline{O_{t+1}})] \tag{5-17}$$

因此，在 $time_t$ 中，为保证 $\dot{V}(error,time_t)$，有效条件如公式（5-18）所示：

$$O_{t+1}-\overline{O_{t+1}}<error_t \tag{5-18}$$

考虑方法中引入了自我调节优化机制以提高识别的精度，并且通过反复的自我调节机制来优化时间，所有预测的值是高度近似于实际的评估价值的。因此，符合条件（5-18）的稳定的预测模型是满足要求的，且每一个输出项均可以完成这个过程。

8. 确定失效模式及严重程度

根据前面预测的输出项变量，可以选择需要的失效模式。在这里，可以确定一个关于严重程度的标准（例如≥1），这些符合标准的失效模式可以被选中。

三、失效模式的发生及概率

这个过程是评估失效模式的发生时，引起事故的因素及其来源，同样在 FMEA 中发挥重要的作用。完成这项任务必须依靠一系列专业知识、实验、历史数据的统计分析，而模糊关系模型不适合当前阶段的工作。这一阶段包括以下内容：

（1）尽可能找到引发每个失效模型的所有原始因素。

（2）当这些原始因素是不独立时，应该进行相关的实验，查明主要的和可控的原始因素。

（3）基于现有的统计数据来评估这些原始因素的发生概率。

为了描述这些原始的可能性因素，可能性的值被定义在一个实数的边界［0，10］内，精确度可至 0.1，参考表 5.2。

表 5.2　失效模式的可能性

可能性	极高			高		中等			低		极低
频率	≥2/3	1/2	1/3	1/8	1/20	1/80	1/400	1/2 000	1/15 000	1/150 000	≤1/150 000
价值	10	9	8	7	6	5	4	3	2	1	0

四、失效模式的可检测性

这个过程是为了寻找减轻影响每个失效模式的原始因素，并分别进行确认和控制。完成这项任务更依赖一系列的专家知识、实验和历史数据的统计分析，而模糊关系模型不适合这个过程，会在当前阶段增加工作的复杂性。完成这一阶段的要点如下所示。

找到在当前的设计方案下现有的控制措施，这里通常有四种控制措施类型：

（1）可以防止失效模式或减少发生的概率的措施，这是最有用的类型。

（2）虽然不能预防失效模式，但可以降低其严重程度的措施。

（3）尽管不能预防，严重程度也不能减少，但可以预测到失效模式的措施。

（4）只能发现失效模式的措施。

为了描述失效模式的可检测性，可检测性的值被定义在一个实数的边界［0，10］内，精确度可至 0.1，如表 5.3 所示。

表 5.3　失效模式的可检测性

意见	完全可测	非常高	高	中等偏上	中等	中等偏下	低	非常低	微小	极低	完全不可测
分值	10	9	8	7	6	5	4	3	2	1	0

五、计算风险系数（RPN）

风险系数是严重程度、可能性和可检测性三者乘积，公式如下：

$$RPN=\text{严重程度}\times\text{可能性}\times\text{可检测性}$$

$$RPN=Severity\times Probability\times Detection$$

对所选定的失效模式计算风险系数，反映风险的程度及损失控制的程度。

六、预防和改正的建议

基于 RPN，就 RPN 值最高的作为最关键失效模式提出建议与预防和纠正措施，以此来提高在 GSC 中 DA 的质量管理。

七、分析结果

FMEA 是一种用来发现并解决潜在问题的有效方法。在各个全寿命周期循环中，针对每一个在 GSC 中 DA 的节点企业（或项目团队）实施基本生产或工艺的过程进行质量风险的损失控制。所以对于每次的应用实施获得一个分析结果，可以提供 FMEA 模糊关系模型动态更新的历史数据。

第三节　求解方法及案例应用

一、求解方法

考虑到应用 FMEA 结合模糊关系模型的方法，旨在识别和解决 GSC 中 DA 的潜在问题，其出现在各个全寿命周期循环中，每一个在 GSC 中 DA 的节点企业（或项目团队）实施基本生产或工艺的过程中。这是一个整合的方法和完成的过程，关键在于如何根据模糊预测模型关系规则去得到预测结果（失效模式及其严重程度）。在建模过程中所面临的情况是，有诸多复杂的数学推导，还需计算多个输入和输出值。这个过程是一个复杂烦琐的工作，而且当计算维度愈高的时候，预测结果的获得将愈加困难。众所周知，计算维度越高的过程对计算机的要求就越高，有些情况下，计算机几乎不可能工作。那么，提出一些先进的算法会更有效地得到计算结果。然而，这是一个遍历搜索的过程，会造成不必要的时间成本和内存的占有。因此，需要考虑更可用的算法，来解决在整个过程中产生的此类问题，与较复杂地处理多个输入和输出相比，一些等价且简化的设想可能是有用的。

在本章的方法中，为了改进模糊关系规则，获得更准确的预测结果（即失效模式及其严重程度），需使用自我调节优化和动态更新机制，以更加自动、方便、高效地建立模型和确认模糊关系，就此提出 IABGA 算法。这种算法针对建模过程中带有多个输入和输出的情况，并利用单一的输入和输出系统进行简化。因此，根据算法运行的预测结果，可以利用 FMEA 整合模糊关系模型的方法找出 GSC 中 DA 的潜在问题（失效模式及其严重程度），在每一个不同的生命周期的循环中，改善并提出建议，最后使分析结果起到质量风险损失控制的作用。

1. 方法流程演示

解决问题方法的步骤如下：

步骤 1：输入和输出数据的模糊化，为算法做准备。在这里，可以得到模糊集，即 $F(I_{mt})$ 和 $F(O_{nt})$，也就是在前面定义中提出的每一个模糊集的数据。

步骤 2：分析输出变量的本身和所有输入变量在考虑时滞时的相关性，并基于模糊化的分析结果，获取可用的输入项变量及输出项变量。

步骤 3：通过模糊结果使用 IABGA 去完善模糊关系规则，得到预测结果和有效性检查，进行自我调节优化和动态更新机制。

步骤 4：评估引发失效模式的原始因素和发生的可能性。

步骤 5：寻找每个失效模式的缓解因素和确认检测的可控性。

步骤 6：计算风险优先系数，这是失效模式的严重程度、可能性和可检测性的乘积。

步骤 7：基于 RPN 值，提出预防和整改的建议。

步骤 8：分析结果。

其中，该方法的步骤 1~3 的目的是获得失效模式及其严重程度。这些步骤应该在每个输出与所有输入变量数据中重复进行。

可以看到，整个方法都是基于提出的整合模糊关系模型的 FMEA。步骤 1 至步骤 2 可以通过使用一个电脑程序实现。步骤 4 至步骤 7 应该更多地依赖专家知识、实验和历史数据的统计分析来完成。因此，方法的重难点在于步骤 3 中提出的 IABGA，详细介绍如后文。

2. IABGA 算法

这个算法中，应用 GA 的编解码过程。首先随机生成一个染色体，其次评估随机染色体的适应值，再使用交叉及变异来传承母代基因和反映子代的基因突变。上述过程是一个循环，直到它满足终止条件。所有输入数据都重复这个过程，即可获得完整的模糊关系规则。最后，自我调节优化和动态时更新机制被引入以获得更加准确、有效的模糊关系规则。此外，模糊关系规则经实际的平均方差调整，检查这些规则的评估值和预期值输出项变量的有效性。步骤如下：

步骤1：设置遗传算法的初始值和参数：种群规模大小 *pop_size*、交叉率 *pc*、变异率 *pm* 和最大代数 max_*gen*。

步骤2：生成初始种群。

步骤3：评估和选择。

步骤4：遗传算子：交叉和变异。

步骤5（停止条件）：是否达到一个预定义的遗传搜索过程的最优解，达到即停止，否则，回到步骤3。在这里，设定如果相邻两代的最优值固定在一个预定义范围内，停止。此时，该算法是成功的。

步骤6：所有的输入数据重复步骤1至步骤5去得到完整模糊关系规则。这可以用来获取相应的输入及输出项变量的预测模糊集。

步骤7：使用自我调节优化和动态更新机制调整模糊关系规则。

详细的 IABGA 演示流程如附录篇程序5.1。

二、案例分析

在中国，有许多水资源丰富的河流和覆盖数百平方千米的河流排水区。水利和水电建设项目在国家发展中起着重要的基础性作用。保证这些大型的施工项目的质量，实现风险损失控制显得尤为重要。以下是用本章提出的结合模糊关系模型的 FMEA 讨论大型水利、水电建设项目的一个案例。该类项目是在 GSC 中 DA 应用的经典，这些建设项目存在复杂、多层、跨区域的特点。

一般来说，大型的水利、水电建设项目是穿越河流水系大片地区的系统性工程。这样的大型项目仅靠几个企业、工程组织或项目团队是无法完成的。特别是考虑到供应链服务的艰巨任务，一个多层、多方位、灵活变动的 GSC 必须存在。通常情况下，这些项目沿水系建设，众多企业、工程组织或项目团队聚集到该地区以实现供应链的功能，并在一定特定区域完成建设工作。然后，这些企业、工程组织或项目团队会分散到另一个集中区域重新聚集并开始建设。这是一个明显的 GSC 的 DA 的形式。与此同时，此类建设项目由诸多重要且基础的工艺和技术环节层层连接。任何对这些基础环节的忽视都可能导致严重的后果，应该在这类紧密关系整个国家社会经济的建设项目中得到避免。因此，预见性地提高质量管理保证，进行风险损失控制在这样的项目中就显得非常重要和必要。因此，本章提出的结合模糊关系模型的 FMEA 对处理此类工作就显得有效且得当。

在这部分中，将利用所提出的方法对位于中国四川沱江的水利、水电建设项目案例进行研究。

1. 案例问题描述

沱江是位于中国四川省的长江的一条分支，排水面积占地 2.8 万平方千米。该流域集中了诸多四川省工业的大中型工厂，这个人口稠密的地区有着丰富的农业资源，如棉花和甘蔗等。大型水利、水电建设项目的开发广泛而快速，影响着人们的日常生活。因此，提高开发建设的管理水平，为人们的生活提供更多的方便非常重要。其中，如何保障该类建设项目中 GSC 里 DA 的质量在该地区更应得到重视。在这里，本章提出的模型能很好地发挥作用。此类案例问题解决的流程图可参考前图 5.2 所示。

考虑施工项目的基本工艺即焊接工艺是在所有水工建筑物的建设中应用较多的、重要且基本的工艺环节。用本章提出的结合模糊关系模型的 FMEA 解决每一个在 GSC 中 DA 的生命周期中，在沱江水系建设的大型水利、水电的建设项目施工过程中的潜在问题。基于历史数据和实验，给出在焊接工艺中的输入和输出项变量。如下所示：

- 输入项

技术：技术标准的熟练（I_1）、技术图纸的设计（I_2）、类似工艺的产品效果（I_3）。

人力资源：技术人员资格（I_4）、管理者的能力（I_5）、整个人力资源的丰富性（I_6）。

材料：设备状态（I_7）、材料和能源的状态（I_8）。

基金：基金准备（I_9）。

• 输出项

工艺过程：修复支架和住所（TP_1）、启动机器（TP_2）、夹紧（TP_3）、焊接（TP_4）、释放（TP_5）、移动对象（TP_6）。

上述工艺过程中可能出现的失效模式：不适合 TP_1（FM_1）；TP_1 的安装误差（FM_2）；机器 TP_2 没有工作（FM_3）；在 TP_3 没有夹紧（FM_4）；没有焊接在 TP_4（FM_5）；在 TP_4 缺乏焊接力（FM_6）；在 TP_5 没有释放（FM_7）；在 TP_6 下降和损害的对象（FM_8）。

失效模式效应：FM_1 延迟（O_1）；FM_2 超出规范（O_2）；FM_3 延迟（O_3）；FM_4 延迟（O_4）；FM_4 延迟（O_5）；FM_5 延迟（O_6）；FM_6 不支持空气保护（O_7）；FM_7 延迟（O_8）；最终在 FM_8 安装失败（O_9）。

使用确认输入和输出项，我们可以应用模糊关系模型 FMEA 的焊接过程。

2. 案例结果分析

使用 MATLAB 完成整个程序运作，收集了 30 组失效模式及其严重程度的历史数据。

根据相关分析的结果，计算出模糊关系模型针对每一个输出项的失效模式及其严重程度如下所示。这里，使用 0.05 的显著性水平，则：

$$O_1:[I_2, I_3, I_4, I_5, I_7, I_8, I_9, O_1]$$

$$O_2:[I_2, I_4, I_5, I_6, O_2]$$

$$O_3:[I_2, I_3, I_4, I_5, I_6, I_7, I_8, I_9, O_3]$$

$$O_4:[I_2, I_3, I_4, I_5, I_6, I_7, I_8, O_4]$$

$$O_5:[I_3, I_5, I_7, I_8, I_9, O_5]$$

$$O_6:[I_2, I_3, I_4, I_5, I_7, I_8, O_6]$$

$$O_7:[I_2, I_4, I_6, O_7]$$

$$O_8:[I_3, I_5, I_6, I_7, I_8, O_8]$$

$$O_9:[I_2, I_3, I_4, I_5, I_6, I_7, I_8, I_9, O_9]$$

为了测试提出的 IABGA 的有效性，将 30 组测试数据每 10 组做一次计算，得到平均运行时间、最大迭代数和遗传算法的成功率，具体数据如表 5.4 所示。

表 5.4　　遗传算法的平均运行时间（秒）、最大迭代次数和成功率

	O_1	O_2	O_3	O_4	O_5	O_6	O_7	O_8	O_9
花费时间	0.88	0.68	1.69	0.94	0.70	0.83	0.48	0.71	1.94
累计最大	42	30	66	47	39	40	27	41	86
成功几率	99.8%	99.9%	99.6%	99.8%	99.8%	99.7%	99.9%	99.7%	99.0%

这表明 GA 对于计算运行时间、最大迭代数和成功率，完全可以胜任。因此，提出的 IABGA 能够有效工作。

检查模糊关系模型得到的每一个输出项的有效性，然后应用这 10 组数据，通过随机选择和自我优化机制来调整模型。平均方差如表 5.5 所示。在这里，当调整之前获得的平均方差已经满足条件（≤0.1），自我调节优化机制不会运行。结果显示了所得到的模糊关系模型的每个输出项和自我调节优化机制在应用上的优势。

表 5.5　　案例中模糊关系模型的均方差

	O_1	O_2	O_3	O_4	O_5	O_6	O_7	O_8	O_9
调整前	0.585 7	0.151 7	0.049 7	0.075 0	0.087 7	0.102 3	0.556 3	0.070 0	0.084 0
调整后	0.560 3	0.102 3	NAN[a]	NAN[a]	NAN[a]	0.073 3	NAN[a]	NAN[a]	NAN[a]

a：自我调节优化机制的运行。

接着，使用 20 组新获得的数据来测试预测效果，表 5.6 显示了这 20 组数据的预测值和实际值的平均误差，以及所有 9 个失效模式的严重性。在这里，所有的失效模式的严重性都高于确认标准 1，所以，这些失效模式符合标准，也可以通过对严重性的挑选获得。

表 5.6　　预期值和实际值之间的平均偏差

	O_1	O_2	O_3	O_4	O_5	O_6	O_7	O_8	O_9
平均偏差	0.041 1	0.068 3	0.078 3	0.009 4	0.012 8	0.040 0	0.110 6	0.097 8	0.051 6

其中，180 个输入项中有 17 个输入项找不到相关的预测价值，20 组新获得数据的有效数据率为 90.56%。那么这些未被预测的数据被添加到模糊关系模型中。以上表格的显示符合提出模型的预测结果。

最后，使用结合模糊关系模型的FMEA对在一定时期内的焊接工艺做了一个全面的分析，分析结果见表5.7。

表5.7　　本案例的FMEA结果

	1	2	3	4	5	6	7	8	9
函数阶段	TP_1		TP_2	TP_3		TP_4		TP_5	TP_1
失效模式	FM_1	FM_2	FM_3	FM_4		FM_5	FM_6	FM_7	FM_8
失效模式效应	O_1	O_2	O_3	O_4	O_5	O_6	O_7	O_8	O_9
严重程度	3.5	8.5	3.5	2.5	3.5	2.2	9.5	2.5	7.5
原始因素	OF_1	OF_2	OF_3	OF_4	OF_5	OF_6	OF_7	OF_8	OF_9
可能性	3.6	4.8	2.1	1.9	2.2	1.1	5.3	1.8	1.6
现有控制措施	EM_1	EM_2	EM_3	EM_4	EM_5	EM_6	EM_7	EM_8	EM_9
可检测性	5.6	4.3	6.9	7.1	2.1	2.1	3.8	6.6	3.6
PRN	70.6	175.4	50.7	33.7	16.2	5.1	196.4	29.7	43.2

结果分析如下：

原始的因素：新部件不符合大小标准（OF_1），实现错误（OF_2），传感器断开能源（OF_3），低空气压缩（OF_4），部分不合适（OF_5），缺乏电压（OF_6），焊接程序监管不当（OF_7），低空气压缩释放（OF_8），执行错误（OF_9）。

现有控制措施：收到时检查（EM_1），100%的措施和100%检查（EM_2反应堆），每月一调整（EM_3），每月一调整（EM_4），传感器问题（EM_5），100%检查稳压器（EM_6），100%检查（EM_7），每月一调整（EM_8），100%的测量和检查（EM_9）。

3. 敏感性分析显著水平

再做一些敏感性分析：通过调整显著性水平来测试模型的预测效果，在模糊关系模型配置不同的显著性水平的情况下产生的结果不同，如下所示。

显著水平为0.1：

O_1：[I_2, I_3, I_4, I_5, I_6, I_7, I_8, I_9, O_1]

O_2：[I_2, I_3, I_4, I_5, I_6, I_7, O_2]

O_3：[I_2, I_3, I_4, I_5, I_6, I_7, I_8, I_9, O_3]

O_4：[I_2, I_3, I_4, I_5, I_6, I_7, I_8, O_4]

O_5：[I_2, I_3, I_4, I_5, I_6, I_7, I_8, I_9, O_5]

O_6：[I_2, I_3, I_4, I_5, I_6, I_7, I_8, O_6]

O_7：[I_2, I_4, I_6, I_9, O_7]

O_8：[I_2, I_3, I_4, I_5, I_6, I_7, I_8, I_9, O_8]

O_9：[I_2, I_3, I_4, I_5, I_6, I_7, I_8, I_9, O_9]，

显著水平为 0.02：

O_1：[I_3, I_5, I_7, I_8, O_1]

O_2：[I_2, I_4, I_5, I_6, O_2]

O_3：[I_2, I_3, I_4, I_5, I_6, I_7, I_8, O_3]

O_4：[I_2, I_3, I_4, I_5, I_7, I_8, O_4]

O_5：[I_3, I_5, I_7, I_8, I_9, O_5]

O_6：[I_3, I_5, I_7, I_8, O_6]

O_7：[I_2, I_4, O_7]

O_8：[I_5, I_6, I_8, O_8]

O_9：[I_2, I_3, I_4, I_5, I_6, I_7, I_8, I_9, O_9]。

这种多样性显示了对预测结果的影响。实验结果显示在每个不同的显著性水平，每个失效模式的预测值和实际值之间的平均误差的严重程度和总平均误差如表 5.8 所示。

表 5.8　　对于每个失效模型的预测值和准确值误差的敏感性分析

	O_1	O_2	O_3	O_4	O_5	O_6	O_7	O_8	O_9	总和
0.02	0.058 3	0.082 8	0.078 3	0.065 0	0.012 8	0.037 8	3.187 8	0.131 7	0.006 1	0.406 7
0.05	0.041 1	0.068 3	0.078 3	0.009 4	0.012 8	0.040 0	0.110 6	0.097 8	0.006 1	0.051 6
0.10	0.390 6	0.117 8	0.078 3	0.009 4	0.012 2	0.083 9	0.202 2	0.097 2	0.006 1	0.110 9

表 5.8 显示，每个失效模式预测值和实际值之间的平均误差以及在不同显著性水平下总平均误差都是足够低的。这说明虽然不同显著性水平下预测值会有一些变化，但这些变化很大程度上并不影响整体预测。

此外，进一步考虑新得到的 20 组数据在 0.02、0.05、0.1 的显著性水平下的有效数据率分别是 91.6%、91.6%、90.56%，可以看到，一个适当的显著性水平（既

不高也不低）的模糊关系模型的配置，可以有一个更好的预测结果。

4. 结论

在本章中，基于对现实事实的考虑：GSC 中的 DA 迅速集结和分解，创建服务于市场波动需求的供应链联盟，然后任务完成后，重组并服务于可预见的另一个市场。这种具有“敏捷性”和“连续性”等特点的 GSC，能够提前发现并解决可能会出现在各种节点企业中的潜在问题。

第六章　某水电站厂房项目风险损失控制——混合型

[建设工程项目特别是大型的建设工程项目是一个复杂的巨系统，在多个功能结构的共同运作下进行，必然会伴随着大量的不确定性，风险会大量地涌现。多种风险互相影响、密不可分，使得项目面临更大的风险威胁。]

——不同不确定性的合并导致混合型风险

第一节　项目问题概述

建设工程项目特别是大型的建设工程项目是一个复杂的巨系统。它由很多的子项目以及子项目中的工序组合而成，在多个功能结构的共同运作下进行。项目的调度安排和项目的材料采购就是这些功能中最为重要的部分。调度安排就是为项目的具体建设实施做出指导性计划。计划主要是对各子项目以及各工序的开始、结束、连接和人员、材料、设备等进行调度安排，可以说是使整个项目得以顺利开展的基础性环节，是整个项目周期当中最为重要的部分之一。而项目所需的材料设备的采购则是为项目的建设提供物质支持的后勤保障，它们都在建设工程项目的正常运作中起着重要的作用。

然而，项目从开工伊始到竣工使用的整个过程，都始终处于一个复杂而变化的环境之中，伴随着大量的不确定性，风险大量地涌现。其中，整个建设工程项目能否按时按标准开工、实施和交付取决于它是否顺利进行。这些环节中可能出现的风险是不容忽视的，它们时刻干扰着项目的进展，很有可能给项目带来不利的影响乃至严重的损失。而这两种风险的密不可分、互相影响更是使得项目面临复杂的多目标二层风险威胁。

一、问题描述

本章讨论了这样一个实际问题：项目调度安排除了对于时间的计划之外，必然也涉及对建设施工材料设备的安排，且对某个具体项目而言，资源不可能是无限量供应的，势必要考虑资源约束带来的影响。工序作为项目调度中必提的概念，有着基础性的作用。从 Elmaghraby 的研究开始，人们将对工序的关注扩展到了执行模式的多样性上。每个项目工序都必须要在一个模式下执行，每个执行模式都对应着一个执行时间和资源的消耗量，且一旦进行实际的实施，模式是不容许改变的，否则会带来整个操作的混乱。模式的多样性为整个项目的完成提供了多种可行的解决方案。同时，项目面临有限的资源。这是一种典型的 MRCPSP 问题。由于这个问题对于建设工程项目的施工安排既要照顾到项目的完成时间，又要顾忌到因各类设备材料的购置使用所产生的成本，所以势必会面临相互矛盾的目标。

另一方面，材料采购是 MRCPSP 问题中重要的一部分，主要是针对可更新资源的定期采购。建设工程项目中重要材料的采购必须通过招投标的形式且只能选择一个成功的中标者（也就是说每种材料只能有一个供应商）。同时，为了满足整个建设工程项目进程的需要，通常情况下，材料的采购需要定期分批进行。在实际的操作之中，对于建设材料购置，通常都会根据类型有一定的规则：在项目的整个实施期内，采购经理会根据库存量和建设需求决定各采购期需要购买材料的数量；并且一般都会计划好每期采购时的最大、最小量；在不同材料的购买数量上会存在一定的关系，比如说在水泥这样的关键材料和一些辅助材料如砂石料等之间就会有购买比例上的关系。由于各种材料的重要程度、价格和数量等不同，它们各自的采购成本也不尽相同，而且从最小化成本的角度出发，在寻求最优的总采购成本时，各种材料之间不可避免地存在着矛盾。因此，在进行采购风险损失控制决策时，需要面对多目标的情形。

综上所述，控制建设工程项目的风险损失，需要考虑调度风险和采购风险。基于项目的实际操作情况，这样的“风控”是对 MRCPSP 问题和材料采购问题的综合考量。项目经理负责管理整个项目的调度安排，应对调度风险，而采购经理则需要考虑各采购期内的材料购置以满足整个项目实施期的需要，控制采购风险。这样的混合控制就形成了二层决策的结构。项目经理作为上层的决策者，采购经理作为下层的决策者，他们相互影响，相继决定，共同完成整个调度和采购的安排。上层决策追求的是短的建设工期和少的调度成本（包括各设备材料的成本），并在考虑多执行模式和资源约束（包括不可更新资源和可更新资源）的情况下，做出最优的调度安排。而采购经理则是在基于对材料价格、数量、库存、交通、短缺和材料间的相互关系等的考虑，力求得到采购成本最小化的采购计划。上层的决策将影响下层的决策，但不是完全控制，而下层则需要在上层决策的范围内选择自己最优的方案。这就呈现出合并了随机和模糊两种不确定性的二层混合风险决策结构。

二、概念模型

图 6. 1 详细地描述了如何通过对 MRCPSP 问题和材料采购问题的二层决策来追求最优的调度安排和采购计划以实现建设工程项目的风险损失控制。

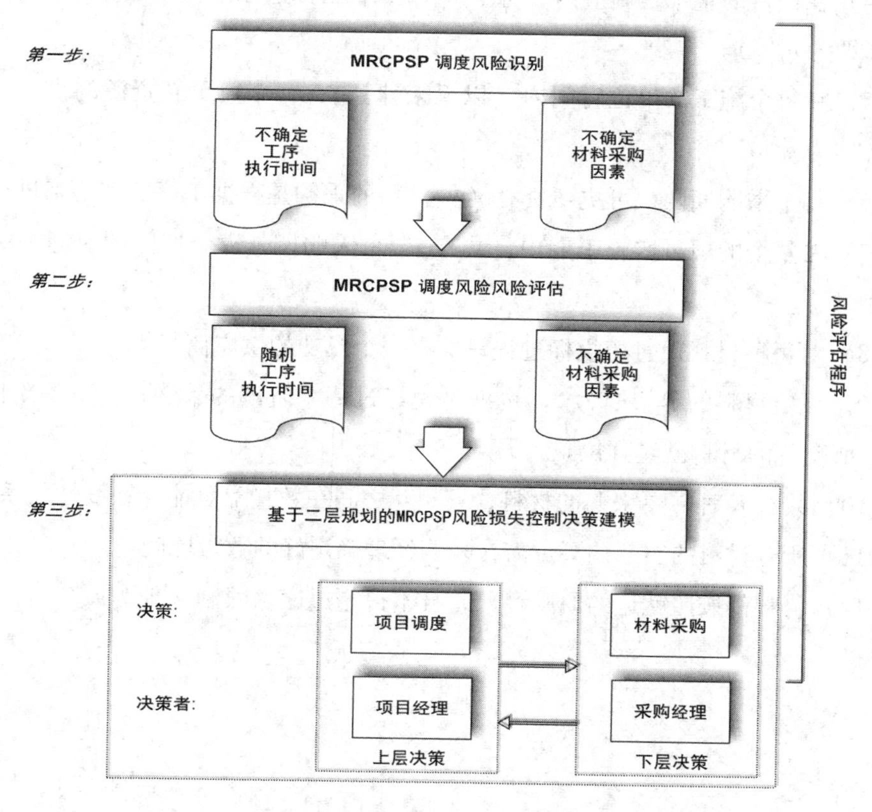

图 6. 1　二层混合风险损失控制决策结构

由于建设工程项目涉及两种风险及其不确定因素，且风险损失控制需要综合考虑 MRCPSP 问题和材料采购问题，所以我们所讨论的问题呈现出复杂地融合了随机和模糊两种不确定性的二层决策结构。为了能够对这两种建设工程项目风险提出损失控制的有效举措，本章使用二层多目标复合不确定规划，通过数学建模的技术方法来讨论。为了能够建立起该问题的数学模型，首先提出如下的基本假设。

假设条件如下：

（1）所讨论的一个项目包含有多个工序（即为 i），每个工序有多个已知的执行模式（即为 j）。

（2）每个工序都必须要在一个执行模式下实施，且对应于一个执行时间（即为 ξ_{ij}），不可更新资源的消耗量（即为 r_{ijn}^{NON}）和可更新资源的消耗量（即为 r_{ijk}^{RE}）。

（3）每个工序的开始时间由其紧前工序的完成时间决定。

（4）在项目的整个实施期内，每个可供所有工序使用的不可更新资源的量是有限的（即为 q_n^{NON}）。

（5）在每个施工的单位时间内（以天来计算），每个可更新资源的供应量是有限的（即为 q_k^{RE}）。

（6）每个采购期内，可更新资源（材料）的采购是根据工序的需要来进行的。

（7）在整个的项目实施工期中，共有 T^M 个采购期，每个期间的时间为 $\bar{T}^D$（设定为 30 天）。

（8）对每种材料通过招投标过程只能有一个成功的供应商。

（9）设定材料的等待期为 0，也就是说经过每个阶段的采购，在下一阶段开始之前，所购置的材料已经到位。

（10）共有 K 种需要采购的材料，且相互之间在数量上可能存在线性关系。

（11）所有材料的实际购买量需在采购经理确定好的数量区间内。

（12）材料都按照就近的原则存贮，且不得超过库存限制（即为 u_k^{MAX}）。

第二节　风险识别和评估

在本书第一章第三节中，分别通过示例对调度风险和采购风险使用事故树分析法和工作风险分解法进行了识别和分析，并对随机工序执行时间和模糊采购影响因素进行了风险评估，故在本章中对此不再累述。

第三节　风险损失控制模型建立

一、目标函数

模型符号定义如附录符号 6.1 所示。

1. 上层规划

用最后一个工序的完成时间 $x_{I,\ j,\ t^D}$ 来表示项目的工期。$x_{I,\ j,\ t^D}$ 是说最后一个工序 I 在模式 j 下执行，计划在时间 t^D 内完成。因为对于工序 I，有且仅有一个模式和时间的组合，所以在所有的 $x_{I,\ j,\ t^D}$ 中，有且仅有一个值为 1。因此项目的工期目标函数可以用下式（6-1）来表示：

$$D = \sum_{j=1}^{m_I} \sum_{t^D=1}^{T^D} t^D x_{I,\ j,\ t^D} \tag{6-1}$$

$r_{ijn}^{NON} x_{ijt^D} cn_n^{NON}$ 表示的是工序 I 在模式 j 下执行并计划在时间 t^D 内完成时，所消耗不可更新资源 n 的成本。将所有可能的工序、模式和完成时间的组合所对应的成本加总（即为：$\sum_{i=1}^{I} \sum_{j=1}^{m_i} \sum_{t^D=1}^{T^D} r_{ijn}^{NON} x_{ijt^D} cn_n^{NON}$）就能得到这个不可更新资源 n 的总成本。$Q_k(l_k,\ \tilde{a}_k)$ 表示的是不可更新资源 k 的总成本，将由下层规划计算而得。其中下层采购环节的风险，通过识别和评估，具体通过模糊的采购影响因素在这个目标中体现出来，可以经由模型进行损失预防控制。而整个项目的成本就是这 N 种不可更新资源和 K 种可更新资源成本的总和，可用如下式（6-2）来表示：

$$C = \sum_{n=1}^{N}\sum_{i=1}^{I}\sum_{j=1}^{m_i}\sum_{t^D=1}^{T^D} r_{ijn}^{NON} x_{ijt^D} cn_n^{NON} + \sum_{k=1}^{k} Q_k(l_k,\ \tilde{a}_k) \tag{6-2}$$

2. 下层规划

目标函数为整个项目工期的所有材料的采购成本。采购经理的目标是力图实现各种材料成本的最小化，这些采购成本包括：购买成本、库存成本和运输成本。事实上，由于各种材料的重要性都不尽相同，关键材料的成本较高而辅助材料的成本相对较低，加之各种材料间存在的相互关系，就会出现不同材料采购成本的矛盾。因此，不能简单地将各种材料采购成本加总到一起用一个目标函数来表示，而是应该将不同的 K 种材料各自的采购成本单独建立目标函数，形成多个目标函数：

$$f_K(X_k,\ \tilde{a}_k) = f_k^{PC}(l_k(\cdot),\ \tilde{\delta}_k,\ \widetilde{ra}_k) + f_k^{HC}(u_k(\cdot),\ \widetilde{cc}_k(\cdot)) + f_k^{TC}(l_k(\cdot),\ \widetilde{ct}_k) \tag{6-3}$$

二、约束条件

1. 上层规划

每个工序都必须在一个模式下执行且在一定的时刻完成才能保证解空间的完备性，如式子（6-4）所示：

$$\sum_{j=1}^{m_i}\sum_{t^D=1}^{T^D} x_{xjt^D} = 1,\ \ \forall i \tag{6-4}$$

要保证所有的工序都不违反优先序的要求，如式子（6-5）所示。其中工序 i 的执行时间通过风险的识别和评估，可以看到是不确定的，用随机变量来表示。它是建设工程项目中调度风险的主要因素，反映了风险的所在，经由模型来进行损失的预防控制。

$$\max_{e \in Pre(i)}\left(\sum_{j=1}^{m_e}\sum_{t^D=1}^{T^D} t^D x_{ejt^D}\right) + \sum_{j=1}^{m_i}\sum_{t^D=1}^{T^D} \xi_{ij} x_{ijt^D} \leqslant \sum_{j=1}^{m_i}\sum_{t^D=1}^{T^D} t^D x_{ijt^D},\ \ \forall i \tag{6-5}$$

$r_{ijn}^{NON} x_{ijt^D}$ 是指工序 i 在模式 j 下执行，且计划在时间 t^D 内完成时，所消耗的不可更新资源 n 的量。为了将整个项目实施期内不可更新资源的消耗总量控制在可提供的范围内，所有工序、模式和完成时间组合所对应的 $r_{ijn}^{NON} x_{ijt^D}$ 值加总后不得超过资源的限制 q_n^{NON}，如下式（6-6）所示：

$$\sum_{i=1}^{I}\sum_{j=1}^{m_i}\sum_{t^D=1}^{T^D} r_{ijn}^{NON} x_{ijt^D} \leqslant q_n^{NON},\quad \forall n \tag{6-6}$$

为了保证在单位时间内，所有工序所消耗的可更新资源 k 不超过限制，需要对其在每个时间 t^D 的消耗分别计算（即为从 1 到 T^D 的每个时间）。在 $[t^D, t^D+\xi ij-1]$ 内（即为从工序的开始时间 t^D 到经过了 ξij 的完成时间后结束的时间段内），所有工序、模式和完成时间的组合所对应的 $r_{ijk}^{RE} x_{ijs}$ 不得超过限制 q_k^{RE}，如下式（6-7）所示。其中工序 i 的执行时间如上所述是不确定的，用随机变量来表示，是建设工程项目中调度风险的主要因素，它同样也影响到施工中可更新资源的使用量，从而引起对这些资源（即为材料）采购的不确定性，引发风险。

$$\sum_{i=1}^{I}\sum_{j=1}^{m_i}\sum_{s=t^D}^{t^D+\xi ij-1} r_{ijk}^{RE} x_{ijs} \leqslant q_k^{RE}, \forall k, t^D \tag{6-7}$$

所有的决策变量 x_{ijt^D} 根据实际意义，都是0-1 变量，如式子（6-8）所示：

$$x_{ijt^D} = 0\ or\ 1, \forall i, j, t^D \tag{6-8}$$

2. 下层规划

状态方程描述了库存水平 $u_k(t^M)$ 和 $u_k(t^M+1)$，与购买量 $l_k(t^M)$ 以及需求量 $\zeta_k(t^M)$ 之间的关系。如果 $u_k(t^M)+l_k(t^M)-\zeta_k(t^M)\geqslant 0$，那么材料 k 在购买期 $(t^M+1)^{th}$ 结束时，即为购买期 $(t^M+2)^{th}$ 开始时的库存量 $u_k(t^M+1)$ 应该为 $u_k(t^M)+l_k(t^M)-\zeta_k(t^M)$。相反，则为 0。状态方程可如式（6-9）所示：

$$u_k(t^M+1) = [u_k(t^M)+l_k(t^M)-\zeta_k(t^M)]^+, \forall k, t^M = 0,1,\cdots,T^M-1 \tag{6-9}$$

需要注意的是：

$$[u_k(t^M)+l_k(t^M)-\zeta_k(t^M)]^+ = \max\{u_k(t^M)+l_k(t^M)-\zeta_k(t^M), 0\}$$

另外，每个购买期所需材料 k 的量（即为可更新资源的量）可以由上层决策得到，而项目工序执行时间的随机性使得这个数量也呈现出随机性。

$$\zeta_k(t^M) = \sum_{t^D=1}^{\overline{T}^D}\sum_{ti=1}^{I}\sum_{j=1}^{m_i}\sum_{s=t^D}^{t^D+\xi ij-1} r_{ijk}^{RE} x_{ijs} \tag{6-10}$$

材料 k 在第一个购买期开始时的库存状态如下：

$$u_k(0) = qb_k,\quad \forall k \tag{6-11}$$

相应的，材料 k 在最后一个购买期结束时的库存状态如下：

$$u_k(T^M) = qe_k,\quad \forall k \tag{6-12}$$

如果材料 k 的供应没法达到需要，那么就会产生短缺的处罚成本。用 sh_k 表示在

购买期 $(t^M+1)^{th}$ 的处罚价格，由于 $[\zeta_k(t^M)-u_k(t^M)+l_k(t^M)]^+=\max\{\zeta_k(t^M)-u_k(t^M)+l_k(t^M),0\}$，短缺的处罚成本可以如下式（6-13）所示：

$$\sum_{t^M=0}^{T^M-1} sh_k[\zeta_k(t^M)-u_k(t^M)-l_k(t^M)]^+ \leqslant SC_k,\ \forall k \tag{6-13}$$

材料的购买量之间可能存在相互影响。关键材料与辅助材料购买量间的关系可以表示如下：

$$w_k^L+v_k^L l_1(t^M) \leqslant l_k(t^M) \leqslant w_k^U+v_k^U l_1(t^M),k=2,3,\cdots,K;\ t^M=0,1,\cdots,T^M-1 \tag{6-14}$$

材料 k 在每个购买期的购买量必须要在计划的最大、最小值之间。如果购买期 $(t^M+1)^{th}$ 的库存水平 $u_k(t^M)$ 能够满足需求 $\zeta_k(t^M)$，那么购买量 $l_k(t^M)$ 为 0，否则如下所示：

$$l_{k,\ t^M}^{MIN} \leqslant l_k(t^M) \leqslant l_{k,\ t^M}^{MAX}\ or\ l_k(t^M)=0,\ k=1,\ 2,\ \cdots,\ K;\ \ t^M=0,\ 1,\ \cdots,\ T^M-1 \tag{6-15}$$

3. 库存限制约束

材料 k 的库存量不能超过限制，即：

$$u_k(t^M) \leqslant u_k^{MAX},k=1,2,\cdots,K;\ t^M=0,1,\cdots,T^M-1 \tag{6-16}$$

三、最终模型

由于建设工程项目的调度过程和采购环节密不可分，其中可能遭遇的风险也不能简单地独立看待，所以，单独考虑各个决策是不理智的。只有根据调度安排中的可更新资源用量，才能制订出最优采购计划以实现成本最小化。反之，采购的成本又会影响调度的成本目标。通过风险的识别和评估，将各风险因素建立到模型的目标和约束条件中，从而经过模型的求解来实现损失预防控制的目标。

因此，最终的二层混合风险决策模型如下：

$$\min D(x_{Ijt^D})=\min\sum_{j=1}^{m_I}\sum_{t^D=1}^{T^D} t^D x_{Ijt^D}$$

$$\min C(x_{ijt^D},\ X_k,\ \tilde{a}_k)=\min\sum_{n=1}^{N}\sum_{i=1}^{I}\sum_{j=1}^{m_i}\sum_{t^D=1}^{T^D} r_{ijn}^{NON} x_{ijt^D} cn_n^{NON}+\sum_{k=1}^{K} Q_k(X_k,\ \tilde{a}_k)$$

$$
s.t.\begin{cases}
\sum_{j=1}^{m_i}\sum_{t^D=1}^{T^D} x_{ijt^D}=1, \forall i \\
\max_{e\in Pre(i)}\left(\sum_{j=1}^{m_e}\sum_{t^d=1}^{T^D} t^D x_{ejt^D}\right)+\sum_{j=1}^{m_i}\sum_{t^D=1}^{T^D}\xi_{ij}x_{ijt^D}\leqslant\sum_{j=1}^{m_i}\sum_{t^D=1}^{T^D} t^D x_{ijt^D}, \forall i \\
\sum_{i=1}^{I}\sum_{j=1}^{m_i}\sum_{t^D=1}^{T^D} r_{ijn}^{NON}x_{ijt^D}\leqslant q_n^{NON}, \forall n \\
\sum_{i=1}^{I}\sum_{j=1}^{m_i}\sum_{s=t^D}^{t^D+\xi ij-1} r_{ijk}^{RE}x_{ijs}\leqslant q_k^{RE}, \forall k, t^D \\
x_{ijt^D}=0 \ or \ 1, \forall i,j,t^D \\
\{Q_1(X_1,\tilde{a}_1), Q_2(X_2,\tilde{a}_2), \cdots, Q_K(X_K,\tilde{a}_K)\} \\
:=\min\{f_1(X_1,\tilde{a}), f_2(X_2,\tilde{a}), \cdots, f_K(X_K,\tilde{a}_K)\} \\
s.t.\begin{cases}
u_k(t^M+1)=[u_k(t^M)+l_k(t^M)-\zeta_k(t^M)]^+, \forall k, t^M=0,1,\cdots,T^M-1 \\
u_k(0)=qb_k, \forall k \\
u_k(T^M)=qe_k, \forall k \\
\sum_{t^M=0}^{T^M-1} sh_k[\zeta_k(t^M)-u_k(t^M)-l_k(t^M)]^+\leqslant SC_k, \forall k \\
w_k^L+v_k^L l_1(t^M)\leqslant l_k(t^M)\leqslant w_k^U+v_k^U l_1(t^M), k=2,3,\cdots,K;\ t^M=0,1,\cdots,T^M-1 \\
l_{k,t^M}^{MIN}\leqslant l_k(t^M)\leqslant l_{k,t^M}^{MAX} \ or \ l_k(t^M)=0, k=1,2,\cdots,K;\ t^M=0,1,\cdots,T^M-1 \\
u_k(t^M)\leqslant u_k^{MAX}, k=1,2,\cdots,K;\ t^M=0,1,\cdots,T^M-1 \\
l_k(t^M)\in R^+, k=1,2,\cdots,K;\ t^M=0,1,\cdots,T^M-1
\end{cases}
\end{cases}
\tag{6-17}
$$

四、模型分析

建设工程项目调度—采购风险的损失控制，是通过建立决策的数学模型来进行风险管理决策，从而选择有效的方案指导具体的实施。现选择风险管理决策中的损失期望值分析法来处理风险。

1. 随机变量的期望值算子

随机变量的期望是一个非常重要的概念，它是由随机变量所有可能的取值在其概率下加权平均而来。所以期望值算子在风险损失控制上非常常用，可以提供随机项目工序执行时间段的平均水平，其基本概念如附录定义 6.1。

对包含有随机变量 ξ 的目标函数 $f(\xi)$ 和约束条件 $g(\xi)$，其期望值为 $E[f(\xi)]$ 和 $E[g(\xi)]$。E 表示期望值算子，用来处理模型。由于文中的随机变量是连续的并服从正态分布，故可以根据期望值的定义和引理得到期望值。

2. 模糊变量的期望值算子

$$\min D(x_{Ijt^D}) = \min \sum_{j=1}^{m_I} \sum_{t^D=1}^{T^D} t^D x_{Ijt^D}$$

$$\min C(x_{ijt^D}, X_k, E^{Me}[\tilde{a}_k]) = \min \sum_{n=1}^{N} \sum_{i=1}^{I} \sum_{j=1}^{m_i} \sum_{t^D=1}^{T^D} r_{ijn}^{NON} x_{ijt^D} cn_n^{NON} + \sum_{k=1}^{K} Q_k(X_k, M^{Me}[\tilde{a}_k])$$

$$s.t.\begin{cases} \sum_{j=1}^{m_i} \sum_{t^D=1}^{T^D} x_{ijt^D} = 1, \forall i \\ \max_{e \in Pre(i)} (\sum_{j=1}^{m_e} \sum_{t^D=1}^{T^D} t^D x_{ejt^D}) + \sum_{j=1}^{m_i} \sum_{t^D=1}^{T^D} E[\xi_{ij}] x_{ijt^D} \leqslant \sum_{j=1}^{m_i} \sum_{t^D=1}^{T^D} t^D x_{ijt^D}, \forall i \\ \sum_{i=1}^{I} \sum_{j=1}^{m_i} \sum_{t^D=1}^{T^D} r_{ijn}^{NON} x_{ijt^D} \leqslant q_n^{NON}, \forall n \\ \sum_{i=1}^{I} \sum_{j=1}^{m_i} \sum_{s=t^D}^{t^D+E[\xi]ij-1} r_{ijk}^{RE} x_{ijs} \leqslant q_k^{RE}, \forall k, t^D \\ x_{ijt^D} = 0 \ or \ 1, \forall i, j, t^D \\ \{Q_1(X_1, E^{Me}[\tilde{a}_1]), Q_2(X_2, E^{Me}[\tilde{a}_2]), \cdots, Q_K(X_K, E^{Me}[\tilde{a}_k])\} \\ := \min\{f_1(X_1, E^{Me}[\tilde{a}_1]), f_2(X_2, E^{Me}[\tilde{a}_2]), \cdots, f_K(X_K, E^{Me}[\tilde{a}_k])\} \\ s.t.\begin{cases} u_k(t^M+1) = [u_k(t^M) + l_k(t^M) - \zeta_k(t^M)]^+, \forall k, t^M = 0, 1, \cdots, T^M - 1 \\ u_k(0) = qb_k, \forall k \\ u_k(T^M) = qe_k, \forall k \\ \sum_{t^M=0}^{T^M-1} sh_k [E[\zeta_k(t^M)] - u_k(t^M) - l_k(t^M)]^+ \leqslant SC_k, \forall k \\ w_k^L + v_k^L l_1(t^M) \leqslant l_k(t^M) \leqslant w_k^U + v_k^U l_1(t^M), k = 2, 3, \cdots, K;\ t^M = 0, 1, \cdots, T^M - 1 \\ l_{k,t^M}^{MIN} \leqslant l_k(t^M) \leqslant l_{k,t^M}^{MAX} \ or \ l_k(t^M) = 0, k = 1, 2, \cdots, K;\ t^M = 0, 1, \cdots, T^M - 1 \\ u_k(t^M) \leqslant u_k^{MAX}, k = 1, 2, \cdots, K;\ t^M = 0, 1, \cdots, T^M - 1 \end{cases} \end{cases}$$

(6-18)

对于模糊变量的期望值，表示模糊变量的平均值，目前已有很多从不同角度出发的定义，这些定义都同样从不同的角度反映了模糊变量的平均意义。本书基于悲观—乐观调节选用期望值算子来处理模型中的模糊变量，其基本概念见附录定义 6.2。对包含有随机变量 ϑ 的目标函数 $f(\vartheta)$ 和约束条件 $g(\vartheta)$，其期望值为 $E^{Me}[f(\vartheta)]$ 和 $E^{Me}[g(\vartheta)]$，E 表示期望值算子。即根据上面的定义，用其来处理模型，选择三角模糊数 $\tilde{a}_k=(r_{1_k},\ r_{2_k},\ r_{3_k})$，那么它的期望值定义为：

$$E^{Me}[\tilde{a}_k]=\frac{1-\lambda}{2}r_1+\frac{1}{2}r_2+\frac{\lambda}{2}r_3,k=1,2,\cdots,K$$

基于随机和模糊期望值算子的线型性，模型（6-17）可以转化为用期望值表达的清晰等价模型，如模型（6-18）。

五、求解算法

Jeroslow 在 1985 年就曾证明过二层线性规划问题是一个 Non-deterministic Polynomial Time Hard（NP 难）问题，由此说明验证该问题的计算复杂性。基于二层规划的诸多特性，考虑到本章所讨论的问题规模较大，模型复杂，所以一般的算法往往不能可行、有效地求解。为此，采用 PSO 算法并且引入多粒子群差别更新方法，即为多粒子群差别更新 PSO（Multi-Swarm Differential-Updating Particle Swarm Optimization，MSDUPSO），力图更加方便和有效地求解问题，算法过程如下（为了算法描述的方便，介绍算法记号如附录符号 6.2 所示）：

第一步：初始化参数 $swarm\_size, swarm\_group, iteration\_max$，粒子惯性和位置的范围，工序序值个人和全局最优值的加速常量及工序序值的惯性权重。用粒子表示问题的解并初始化工序序值和模式的位置，以及工序序值的惯性。

第二步：解码粒子可行性检查。

第三步：用上层规划的可行解求解下层规划，得到最优目标值，并计算每个粒子所对应的上层目标值。

第四步：用多目标方法计算 pbest 和 gbest，并贮存 Pareto 最优解以及所对应的下层规划解，上下层规划各自的目标值。

第五步：更新各粒子的惯性和位置。

第六步：检查多目标 PSO 的终止条件，如果条件达到，则停止，否则返回第二步继续。

具体的程序步骤如附录程序 6.1 所示例。

六、案例分析

案例：溪洛渡水电站，是金沙江流域的大型建设工程项目，它位于四川省雷波县和云南省永善县接壤的溪洛渡峡谷段，是一座以发电为主，兼有拦沙、防洪和改善下游航运等综合效益的大型水电站。溪洛渡水电站由诸多功能不同的水利结构设施构建而成，包括大坝、闸门、发电机组和厂房等。其中，它在金沙江左右两岸均建有一个厂房。本书就以溪洛渡水电站的左岸厂房建设工程项目为例，通过应用所提出的方法来控制其调度—采购风险的损失。其中，应用实例数据的来源主要是参考各类工程数据、博士论文、文献等，结合项目实际整理而来。这个项目实例一共有 18 个工序和两个用以描述项目开始和结束的虚工序。这些工序分别是：#1 土方开挖；#2 石方开挖；#3 浇筑基础混凝土；#4 浇筑上部混凝土；#5 浇筑下部混凝土；#6 安装机组、设备支架；#7 土方回填；#8 帷幕灌浆；#9 敷设管道；#10 安装屋架；#11 安装屋面板；#12 安装墙板；#13 屋面施工；#14 电气安装；#15 安装机组；#16 安装设备；#17 地面施工；#18 装修工程。对于每个工序都有相应的多个执行模式，且可供使用的 12 种不可更新资源和 7 种可更新资源的数量是有限的（其成本的单位为：元）。不可更新资源有：Ⅰ人工，单位 13.11/mh（人・小时）；Ⅱ车辆，单位 106.53/mh（辆・小时）；Ⅲ挖掘机，单位 210.03/mh（台・小时）；Ⅳ推土机，单位 105.62/mh（台・小时）；Ⅴ凿岩机，单位 186.73/mh（台・小时）；Ⅵ起重机，单位 69.04/mh（台・小时）；Ⅶ搅拌设备，单位 268.39/mh（台・小时）；Ⅷ电焊机，单位 19.42/mh（台・小时）；Ⅸ电，单位 1.39/kWh；Ⅹ水，单位 3.67/m^3；XI 柴油，单位 7.42×103/m^3；Ⅻ其他机械设备，单位 106.6/mh（台・小时）。可更新资源有：Ⅰ水泥，单位 361.82/t；Ⅱ钢材，单位 4 710/t；Ⅲ油漆，单位 27.8/L；Ⅳ橡胶板，单位 15/kg；Ⅴ木材，单位 530/m^3；Ⅵ砂石料，80/t；Ⅶ其他材料，单位 23.6/m^3。图 6.2 示例了案例项目的结构。

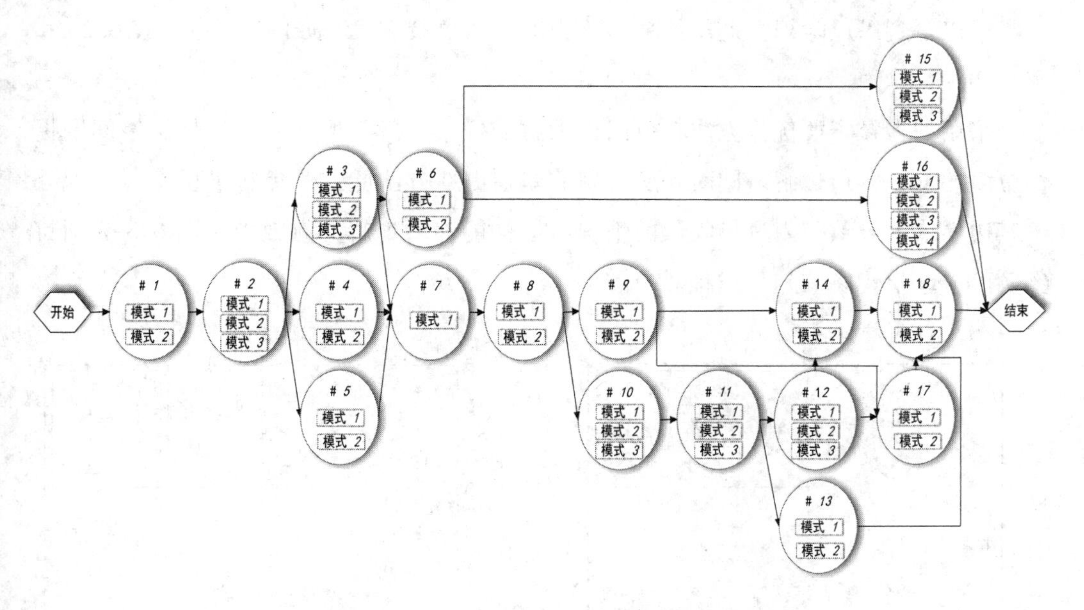

图 6.2　案例项目的结构

在整个项目周期内，建设材料，即为可更新资源根据项目进度的需要分期进行采购，且每种材料只有一个经过招投标过程选出的供应商。附录表 6.1a、附录表 6.1b 和附录表 6.2 反映了各资源的消耗量和材料采购中的相关数据。其中，关键材料（即为水泥）和辅助材料（即为钢材和砂石料），购买量之间的关系可以用下面的式子来表示。

3.12+ 1.10×水泥的购买量≤钢材的购买量≤3.56+ 1.50×水泥的购买量

9.36×水泥的购买量≤砂石料的购买量≤10.56×水泥的购买量

其他材料为：-∞ +水泥的购买量≤其他材料的购买量≤+∞ +水泥的购买量

按照本章所提的方法，应用模型（6-17），考虑风险不确定因素的情况，对项目案例进行控制决策建模，并使用期望值算子得到风险的期望，进而得到风险的损失期望值，选用参数 $\lambda = 0.5$。利用提出的 MSDUPSO 可以求解这个项目案例，用 MATLAB 7.0 在 Inter 处理器 2，2.00 赫兹和 2G 内存的计算机性能下对 MSDUPSO 进行编程运算。算法参数选用：

$swarm\_sizeS = 10$；$swarm\_groupG = 3$；$iteration\_\max T = 100$

$\omega(1) = 0.9$；　$\omega(100) = 0.1$；　$c_p = 2$；　$c_l = 1$

可以得到以风险损失期望值最小化为准则的决策方案，如附表 6.1、表 6.2a 和表 6.2b 所示。

采用的多粒子群优化方法，可以扩大解的搜索空间，增加其多样性，为问题提供更多的 Pareto 最优解。同时，所使用的差别更新方法能够避免粒子更新过多地处于其边界值，导致陷入过早收敛的情况，同样能够增加解的有效性。图 6.3 为项目实例 Pareto 最优解的迭代过程。

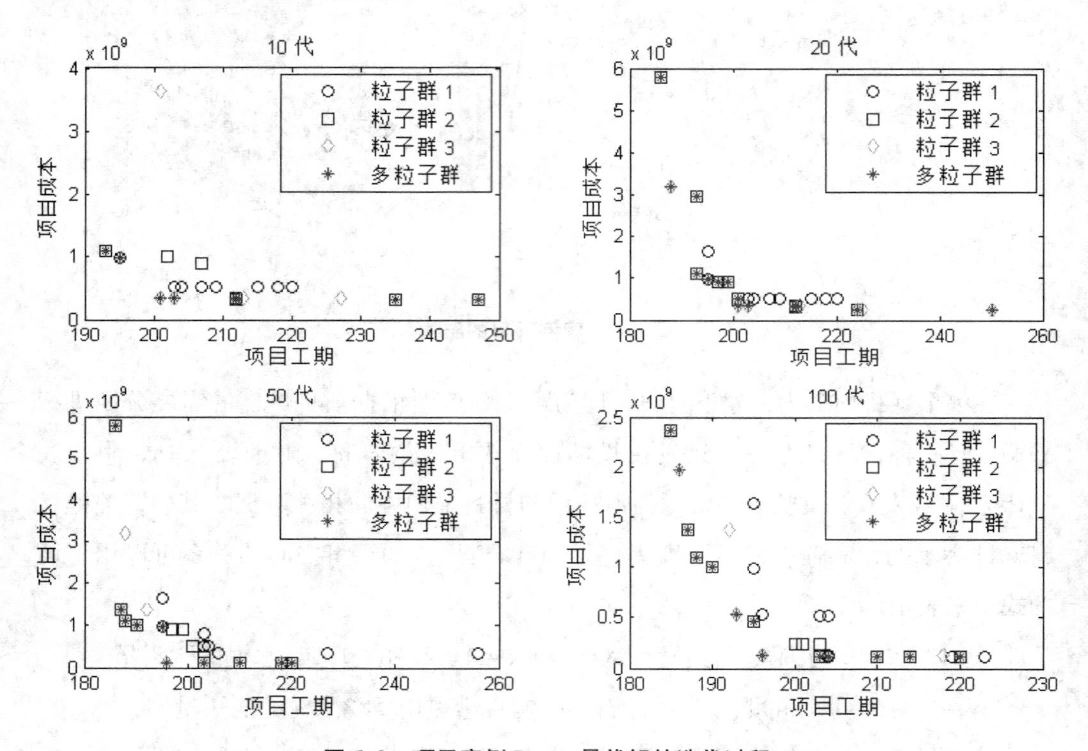

图 6.3　项目案例 Pareto 最优解的迭代过程

图 6.3 反映了多粒子群的迭代过程，可以看到在迭代 10 代后，Pareto 最优解的分布并没有什么规律，但是在经过了 20 代和 50 代之后，解分布的规律就愈趋明显。再到 100 代时，Pareto 最优解的分布就已经很清晰了。

表 6.1　　上层规划的 Pareto 最优解

解																			
1*	调度安排	#1	#2	#5	#3	#6	#15	#16	#4	#7	#8	#10	#11	#9	#12	#14	#17	#13	#18
	模式	2	3	1	3	2	3	3	1	1	1	1	1	2	1	2	2	1	1
2*	调度安排	#1	#2	#5	#3	#6	#15	#4	#7	#16	#8	#9	#10	#11	#12	#14	#13	#17	#18
	模式	2	3	1	3	1	3	1	1	1	1	2	1	3	1	2	2	1	1
3*	调度安排	#1	#2	#5	#3	#15	#6	#16	#4	#7	#8	#10	#9	#11	#12	#14	#13	#17	#18
	模式	2	3	1	2	2	3	3	1	1	2	2	1	1	1	1	1	2	1
4*	调度安排	#1	#2	#4	#5	#3	#6	#7	#8	#10	#9	#11	#12	#13	#14	#15	#16	#17	#18
	模式	2	3	1	2	1	2	1	1	1	1	1	1	2	1	1	1	1	1
5*	调度安排	#1	#2	#5	#3	#4	#7	#6	#16	#15	#8	#10	#11	#12	#9	#14	#17	#13	#18
	模式	2	3	2	1	1	1	2	2	1	1	1	3	1	2	1	2	2	1
6*	调度安排	#1	#2	#5	#3	#6	#15	#4	#7	#8	#9	#10	#16	#11	#12	#14	#17	#13	#18
	模式	2	3	1	3	2	3	1	1	2	2	1	2	1	1	2	1	2	2
7*	调度安排	#1	#2	#5	#3	#4	#7	#6	#8	#9	#10	#11	#15	#16	#12	#14	#17	#13	#18
	模式	2	3	2	1	1	1	2	1	1	3	1	1	2	1	1	2	2	1
8*	调度安排	#1	#2	#5	#3	#4	#7	#6	#16	#15	#8	#9	#10	#11	#13	#12	#17	#14	#18
	模式	2	3	2	1	1	1	1	1	1	1	2	1	1	2	3	1	2	2
9*	调度安排	#1	#2	#4	#5	#3	#7	#6	#8	#9	#10	#11	#12	#13	#15	#16	#14	#17	#18
	模式	2	3	1	2	1	1	2	1	1	1	3	3	1	1	1	1	1	1
10*	调度安排	#1	#2	#4	#5	#3	#7	#6	#15	#16	#8	#9	#10	#11	#12	#14	#17	#13	#18
	模式	2	3	2	2	2	1	2	1	1	1	1	2	1	1	2	1	1	2
11*	调度安排	#1	#2	#3	#5	#6	#15	#4	#7	#16	#8	#9	#10	#11	#12	#13	#14	#17	#18
	模式	2	3	1	2	2	1	1	1	2	1	1	1	3	1	1	1	1	1
12*	调度安排	#1	#2	#5	#4	#3	#7	#8	#9	#6	#15	#16	#10	#11	#13	#12	#14	#17	#18
	模式	2	3	2	2	1	1	1	1	1	3	2	3	3	1	1	1	2	1
13*	调度安排	#1	#2	#4	#5	#3	#6	#16	#7	#8	#9	#10	#11	#12	#15	#13	#14	#17	#18
	模式	2	3	2	2	1	1	1	1	2	1	2	3	1	1	1	1	1	1

表 6.2a　下层规划的材料采购计划

解	材料						
	I	II	III	IV	V	VI	VII
1*	采购期数 9						
	采购计划采购期 4 购进 70	采购期 3 购进 105	采购期 6 购进 1 200	采购期 5 购进 1 500	采购期 6 购进 6 000	采购期 3 购进 600	——
			采购期 7 购进 1 200			采购期 5 购进 600	
2*	采购期数 10						
	采购计划采购期 4 购进 70	采购期 3 购进 99	采购期 6 购进 1 200	采购期 5 购进 1 500	采购期 6 购进 6 000	采购期 3 购进 700	采购期 4 购进 130
		采购期 5 购进 99	采购期 7 购进 1 200			采购期 5 购进 600	
3*	采购期数 9						
	采购计划采购期 3 购进 70	采购期 3 购进 99	采购期 6 购进 1 200	采购期 6 购进 1 700	采购期 6 购进 6 000	采购期 3 购进 700	采购期 4 购进 130
			采购期 7 购进 1 200			采购期 5 购进 600	
4*	采购期数 10						
	采购计划采购期 4 购进 70	采购期 4 购进 99	采购期 6 购进 1 200	采购期 6 购进 2 600	采购期 6 购进 6 000	采购期 4 购进 600	采购期 5 购进 130
			采购期 7 购进 1 200			采购期 5 购进 600	
5*	采购期数 10						
	采购计划采购期 3 购进 70	采购期 4 购进 99	采购期 6 购进 2 200	采购期 5 购进 1 500	采购期 6 购进 6 000	采购期 3 购进 700	——
						采购期 5 购进 6	
6*	采购期数 10						
	采购计划采购期 4 购进 70	采购期 3 购进 99	采购期 6 购进 2 200	采购期 6 购进 2 600	采购期 6 购进 6 000	采购期 3 购进 600	——
						采购期 5 购进 600	
7*	采购期数 10						
	采购计划采购期 3 购进 70	采购期 4 购进 99	采购期 6 购进 1 200	采购期 6 购进 2 700	采购期 6 购进 2 800	采购期 3 购进 700	——
			采购期 7 购进 1 200		采购期 7 购进 6 000	采购期 5 购进 600	

表 6.2b　　下层规划的材料采购计划

解	材料						
	Ⅰ	Ⅱ	Ⅲ	Ⅳ	Ⅴ	Ⅵ	Ⅶ
8*	采购期数 8						
	采购计划采购期 3 购进 70	采购期 3 购进 99	采购期 6 购进 1 200	采购期 6 购进 1 600	采购期 6 购进 6 000	采购期 3 购进 700	——
			采购期 7 购进 1 200	采购期 7 购进 5 000		采购期 5 购进 700	
9*	采购期数 8						
	采购计划采购期 4 购进	采购期 4 购进 99	采购期 6 购进 1 200	采购期 6 购进 1 500	——	采购期 4 购进 600	采购期 5 购进 130
			采购期 7 购进 1 200			采购期 5 购进 700	
10*	采购期数 8						
	采购计划采购期 4 购进 70	采购期 4 购进 99	采购期 7 购进 1 200	采购期 6 购进 4 500	——	采购期 4 购进 600	——
				采购期 7 购进 5 000		采购期 5 购进 700	
11*	采购期数 8						
	采购计划采购期 4 购进 70	采购期 4 购进 99	采购期 7 购进 1 200	采购期 6 购进 1 500	采购期 7 购进 6 000	采购期 4 购进 600	采购期 5 购进 130
						采购期 5 购进 700	
12*	采购期数 8						
	采购计划采购期 4 购进 70	采购期 4 购进 99	采购期 7 购进 1 200	采购期 6 购进 1 500	采购期 7 购进 6 000	采购期 3 购进 700	——
						采购期 5 购进 700	
13*	采购期数 8						
	采购计划采购期 4 购进 70	采购期 4 购进 99	采购期 7 购进 1 200	采购期 7 购进 5 000	采购期 7 购进 600	采购期 4 购进 600	——
						采购期 5 购进 700	

将所提出的 MSDUPSO 与解决 MRCPSP 问题时常用的基础 PSO 进行对比。由于多目标问题的解要比一般的单目标问题复杂，所以根据文献，选用了三个评价多目标问题 Pareto 最优解的指标：平均距离、分布和范围。表 6.3 给出了在程序运行 10 次后，MSDUPSO 和基础 PSO 在解的各项统计值和 Pareto 最优解评价指标上的区别。对比结果反映了 MSDUPSO 的优越性。

表 6.3　MSDUPSO 和基础 PSO 的对比

算法	算法项目工期（天）			项目成本（$\times 10^9$元）						
	均值	最小值	最大值	均值	最小值	最大值	解的个数	平均距离	分布	范围
基础 PSO	207	186	227	0.819 8	0.145 6	3.495 6	8	0.653 4	0.137 5	2.237 3
MSDUPSO	197	185	220	0.736 0	0.122 3	2.365 2	13	0.121 2	0.137 9	2.528 2

对于案例项目，在实施前也就是说在风险事件可能出现前，可以事先采取相应的办法来减缓风险，降低损失。这是属于风险损失控制中的损前预防手段。根据项目实例的决策结果，可以给出如下的实施和管理建议：

（1）项目经理根据需要和偏好选择 Pareto 最优解集中的调度安排方案。如果他觉得项目成本更为重要，就选择成本最小的方案，反之则选择工期最短的方案。

（2）采购经理基于项目经理的决定，选择相应材料（可更新资源）采购方案。

（3）将决定的调度安排和材料安排规范化形成项目的实施计划，组织专门的计划人员来负责计划的执行。

（4）由计划人员、项目经理、采购经理共同协商制定有关的管理制度，使计划的执行制度化。

（5）根据执行时间、执行部门和执行人员将计划进行细分，做到工作细分并落实到人头。

（6）组织相关人员进行计划，实施教育，明确工作任务和损失预防的重要性。

（7）定期检查计划实施、监督实施的过程，及时发现问题，及时控制和补救。

第七章　某交通网络加固项目的风险损失控制——复合型

［对于来自自然的不可抗力，譬如地震，人们很难对其准确把握，同时也不得不面对它们随时可能发生的威胁。这样的地质灾害对建筑结构，特别是交通网络设施，造成的破坏以及随之而来的影响不仅仅限于人员伤亡和财产损失，加之其风险环境的多重复杂性，往往会造成出乎预料的伤害和损失。］

——不同不确定性引发复合型风险

第一节　项目问题概述

建设工程项目尤其是大型项目往往会给周边带来不小的冲击，从它的设计规划、建设施工到竣工使用都会不同程度地影响到邻近人们的生活。所以建设工程项目通常都选址在偏僻、远离人群聚居的地方，以尽量减少其带给该区域群众的影响。正是由于其所处地域的特殊性，加之施工对当地生态环境的破坏，使得建设工程项目不可避免地会面对一些气候、地质环境上的困扰，小至强风、暴雨和雷暴等不良气候，大到山洪、泥石流乃至地震等灾害。对于这些来自自然的不可抗力，人们很难对其准确把握，同时也不得不面对它们随时可能发生的威胁。这样有可能造成损失后果，而且还难以准确预测其发生的风险，这种不确定性无时无刻不在影响着建设工程项目的实施进展。其中，地震是有可能给项目带来严重损害的地质灾害，它对建筑结构，特别是交通网络设施，造成的破坏以及随之而来的影响不仅仅限于人员伤亡和财产损失，还可能会直接导致项目的停工、搁置和彻底废弃，由此引发的社会经济损失是难以估量的。为了能够尽量减少地震风险的影响，有必要提前采取措施来预防和控制，比较常用的措施就是对建筑结构进行加固。此外，由于建设施工势必会改变地表地貌，极可能会影响当地的生态和资源环境，乃至可能对环境造成破坏，因此带来了环境风险。加固建筑结构同样是一种施工方案，也自然会面临环境风险。在这样的情况下，对于建设工程项目而言，就会同时面对地震和环境的风险，且它们互相影响，密不可分，形成复杂的二层风险威胁。因此，需要讨论在二层决策环境下，追求多个风险目标的问题。风险对于项目而言产生的最为直接且人们关注的最多的影响即是损失，从损失的角度来控制风险显得非常必要。通过前面几章内容的讨论，依据风险损失控制的理论，选用损失预防的手段，基于对建设工程项目地震和环境风险的识别和评估，现建立起地震一环境风险的损失控制决策模型，寻找二层多目标决策环境下的最优方案，并提出相应的管理实施建议。决策的主要准则是风险损失偏好值的最小化。

一、风险的简述

从 2008 年汶川地震、2010 年海地地震到 2011 年的日本大地震，地震已造成了极大的破坏和经济损失，随之而来的还有巨大的社会影响。作为一种毁灭性的灾害，它已给人们带来了太多的伤害，在很大程度上影响了人类社会的正常政治经济生活。对于建设工程项目而言，尤其是大型项目，由于其重要的社会经济地位和所处地域的特殊性，面对地震灾害时，往往会引发更为严重的后果。地震对于建设工程项目的破坏主要在于项目中的建筑结构，包括项目场内外的建筑物和交通网络设施。作为建设工程项目中的基础设施，顺畅的交通网络是保证项目正常运作施工的重要因素。一旦地震灾害不可避免地发生，它除了破坏场内外的建筑物，带来人员伤亡和财产损失外，势必也会给交通设施带来破坏。这将直接影响到震后的抢险救灾工作，可能引发的后续连锁反应以及随之而来的损害是难以估计的，因此必须要未雨绸缪，防范于未然。对于地震风险，由于它是突发性的灾难，人们往往难以准确预测它的发生。所以想要提前采取预防措施减少破坏，尽量降低地震风险所带来的损失，对建筑结构进行加固就显得非常必要，特别是在建设工程项目中有着基础保障功用的交通网络设施更加需要在地震来临之前事先加修巩固，以实现损失预防和风险减缓。此外，环境保护作为近年来人们普遍关注的热点，非常有必要结合到建设工程项目中来考虑。项目的整个进程都可能对环境造成破坏和影响，正是由于这种破坏的不确定性和可能引发的不良甚至严重的后果导致了环境风险的存在。

二、交通网络加固项目

建设工程项目的交通网络起着基础性的作用，是整个项目正常运作的命脉。一般情况下，项目的交通网络设施包含有场内交通和场外交通两个部分，分别承担场地内机械、设备、人员的运送和项目的对外连接。它们的构筑通常情况下是在已有道路的基础上，根据交通运输的需要将现有的通路连接，并建筑新的通路来共同完成。因此就会出现两种不同类型的通路：永久通路和临时通路。显然这两种类型在质量上是不一样的。另外，构成建设工程项目交通网络的通路在重要程度上也有着区别。比如说一些关键通路，如桥梁、隧道等，这样的通路在考虑预防地震破坏，提前加固时应该尤其注意。相对的，一些在功能作用上稍微次之的就被称为非关键通路。由于通路的不同类型，即永久与临时、关键与非关键，在进行加固决策时的考虑也是不同的，就是说需要加固的通路是永久的或者关键的。当然不同类型的通路所对应的加固和重建成本也是不一样的。因为如果通路不进行加固，一旦地震发生，被破坏后的重建成本远大于加固的成本，而临时通路的成本要低于永久通路的成本。具体来讲，根据地震对道路破坏的程度等级，相应的也将加固的决策分为几个等级。

三、环境成本

近年来，由于环境破坏越发严重地影响人类的社会经济生活，人们也越来越多地关注环境问题。建设工程项目因其规划施工等过程中对环境造成的改变和破坏，环境问题也愈加受到了重视。环境破坏引发的问题会导致成本的产生，这样的成本对管理者来说就是损失。而环境成本在建设工程项目总成本中所占的比例越发高涨，更是令人难以对其置之不理。事实上，环境成本的产生可能来自很多方面，但现有的对它的计算一般只是简单的统计、记录并将其加入到总成本中，这就使得对这部分成本的管理往往令人无从下手。除了可能带来巨额的损失，环境破坏的不确定性也是让人们困扰的一方面。人们在建设、生产和生活过程中，所遭遇的突发性事故，一般不包括自然灾害和不测事件，对环境或健康乃至经济的危害视为环境破坏，这样意外事故的出现，往往都令人措手不及。正是由于环境破坏的不确定性和可能引发的严重后果，使建设工程项目面临着环境风险威胁的严峻形势。通过在第三章中对环境风险的识别，风险损失，即为环境成本的组成主要有四个方面，由此来统计、记录和计算可以给环境风险损失一个系统的刻画。同时，环境成本可能产生于项目的诸多环节当中，它是伴随着项目的实施和推进而不断出现的，而且往往呈现出隐性和长期性的特点。因此为了更为系统地有的放矢地对这部分损失进行控制管理，本书引入了作业成本法（Activity Based Costing，ABC）来有效分析环境成本。这是将工程建设的作业工序作为计算对象，通过作业成本动因来识别度量各作业所造成的环境成本的方法，能对环境成本系统刻画和有效分析，为风险损失控制管理提供了强有力的依据。

基于 ABC 法，对建设工程项目交通网络加固环境成本的计算可以如图 7.1 来描述。

图 7.1　建设工程项目交通网络加固环境成本的 ABC 法计算

如图7.1所示，建设工程项目交通网络加固环境成本参照Jasch所提出的四个方面来统计、记录和计算，通过对一段期间记录的历史数据的整理，采用ABC法来度量环境成本。基于对项目工作程序的系统分析，应该首先明确其作业的组成和最终的产出。接下来就要将环境成本按照实际问题的情况分配到各作业成本库中。需要说明的是，不是所有的成本都要分配到作业成本库中，有些成本是直接与具体的作业有关的，有些则不然。准确地分配成本，一般有如下三种方式：

（1）如果环境成本是跟产出直接相关的，则直接将其计入最终的产出成本。

（2）如果成本是直接与具体的工作作业有关的，则将其计入各作业成本。

（3）成本的产生如果是通过了环境媒介，比如空气、水、土壤和噪音等，则通过这些媒介将其计入到各作业成本中去。

成本分配完成后，就要确定作业成本动因，测定成本动因量，从而得到最终产出的环境成本。通过这样系统完整地记录和计算可以避免环境成本的统计遗漏，而细致准确的成本分配可以大大地方便对于成本的管理和风险损失的控制。

四、决策结构

由于建设工程项目在应对地震风险的同时，也不可避免地面临着环境风险，所以两种风险互相影响，密不可分。因此有必要在讨论项目交通网络加固决策以应对地震灾害的时候，综合考虑两种可能涉及的风险。在所讨论的问题中，包含有两个决策者，一个是项目经理，负责加固措施的决策和对环境风险损失的控制；一个是运输经理，负责考虑运输的安排和地震风险对交通的影响。项目经理处于上层决策地位，他决定哪些通路需要加固以及进行哪种等级的加固，以实现加固成本包括环境成本和考虑加固后交通运输的地震破坏损失的最小化。运输经理需要考虑在遭遇地震灾害交通设施被破坏后，项目交通的流量控制以保证合理的运送安排，当然如果在上层决策中决定了通路的加固，那么地震所带来的破坏就会降低。他的目标是追求地震对交通运输造成破坏所带来的损失最小化。上层的决策将影响下层的决策，但不是完全控制，而下层则需要在上层决策的范围内选择自己最优的方案。本章研究地震可能给建设工程项目造成的破坏，以及为了应对这样的破坏所采用的加固措施对于环境的影响，并将两个方面的风险因素综合起来考虑。相较于文献中建立的地震对交通网络破坏和影响的二层决策，本章讨论的风险不仅限于地震风险，同时考虑了环境风险，由此产生了风险主体、控制结构、风险表示、模型建立和求解方法等多方面的差异，使得本章和 Liu 等人的研究有着本质上的区别。也正是由于所讨论风险控制问题风险主体的二重性引起的二层风险决策结构和风险控制的多目标性，本章中将建立起二层多目标规划模型来讨论。

第二节　风险识别和评估

在本书第一章第三节中，已分别通过示例对地震风险和环境风险使用事件树分析法和情景分析法进行了识别和分析，并将地震对建筑结构和项目对环境的复合不确定性破坏进行了风险评估，故在本章中对此不再赘述。

第三节　风险损失控制模型建立

一、模型架构与相关假设

以建设工程项目—地震环境风险的损失控制为目标，综合考虑项目交通网络加固和震后影响，在基本假设的基础上，建立二层多目标风险损失控制的规划模型。

通过在第三章中对建设工程项目地震和环境风险的识别和评估，我们知道这两种风险的主要不确定性因素是用模糊随机变量描述的。具体到这个问题中，我们用 $G(B,A)$ 来表示建设工程项目的交通网络，其中 B 代表节点，A 代表通路。上层决策的变量 $u_a \in \{0,1,2,3,4,5\}$ 表示对通路 a 决定按照等级 u_a 进行加固，其中 $a \in A$。对于每条运输路径 $k \in \{1,\cdots,K\}$，$x_k \in R_+$ 代表其流量（这是在下层决策中由运输经理决定的），同时用 $ca_b \in R_+$ 来描述节点 b，$b \in B$ 的容量。fl_a 是通路 a 的总流量（$fl_a = Mx$，$\forall a \in A$）。为了建立起地震—环境风险下的建设工程项目损失控制模型，首先给出如下假设：

（1）建设工程项目交通网络包含场内交通和场外交通两个子系统，系统中的通路有永久和临时、关键与非关键的类型区分。

（2）需要考虑加固为永久或关键的通路。

（3）加固施工的工作作业过程和工序作业对于永久和临时通路是相同的。

（4）临时通路加固施工的变动成本要低于永久通路。

（5）加固成本和加固决策变量之间是线性的关系，如果有更多数据的支持，关系可以调整而不影响建模。

（6）环境成本和加固决策变量之间是线性的关系，如果有更多数据的支持，关系可以调整而不影响建模。

（7）运输路径是提前确定好的。

（8）交通网络中的流量是可以通过控制来达到系统平衡的。

（9）加固后的通路破坏等级可以由加固前的破坏等级减去加固决策的等级来得到。

（10）重建成本和加固后的通路破坏情况之间是线性的关系，如果有更多数据的支持，关系可以调整而不影响建模。

问题决策概念模型如图 7.2 所示。

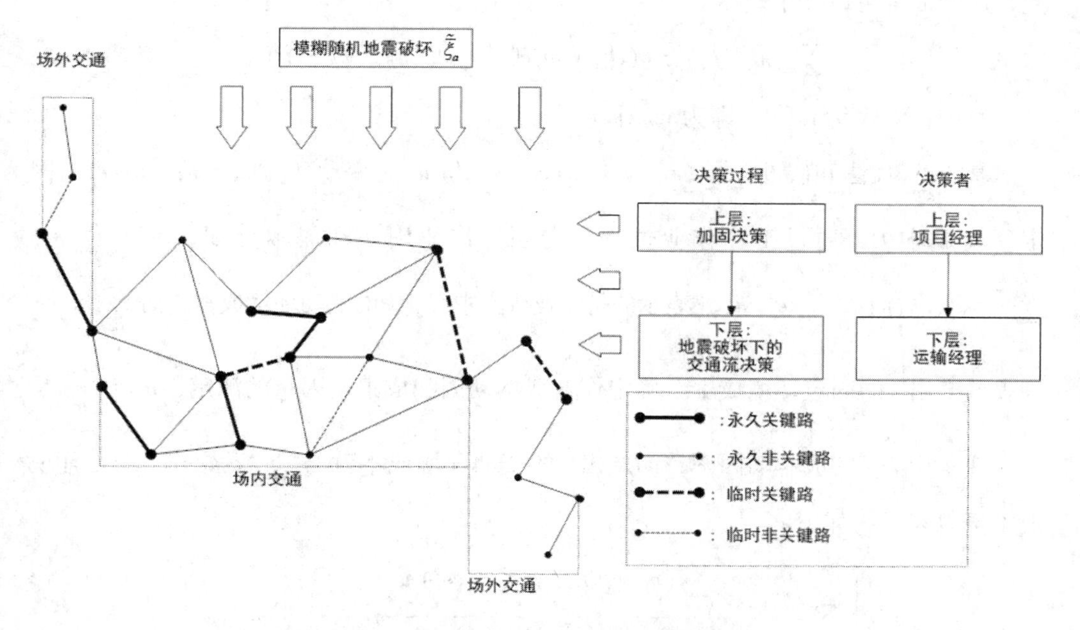

图 7.2　二层复合风险损失控制决策结构

建立二层多目标模糊随机规划模型是希望能够解决建设工程项目的地震风险和环境风险损失与控制问题。为了方便模型的架构，首先给出如附录符号 7.1 所示记号。

下面，分别对上层和下层规划进行建模，并整合给出模糊随机不确定环境下二层多目标地震—环境风险损失控制模型。

二、上层规划

项目经理在决定建设工程项目交通网络中的每个通路是否需要进行加固以及加固的等级时，需要考虑通路的不同类型，也就是永久和临时、关键与非关键。

1. 目标函数

上层决策的一个目标就是成本，包括加固成本和环境成本。在这里将加固成本直接考虑为目标，从系统的结构性角度出发。加固成本由变动成本和固定成本组成，它的计算由交通网络中的每个通路的成本加总而得。由于加固成本对于永久和临时通路是不一样的，因此为了区分不同的通路类型，我们引入了 0-1 变量。m_a 取值为 1 代表永久通路，反之为临时通路；n_a 为 1 时表示关键通路，反之为非关键通路。由此，加固成本可以如下表示。

$$\sum_{a \in A}(m_a \vee n_a)((c_{va}^t + m_a c_{va}^p)u_a + (c_{fi}^t + m_a c_{fi}^p))$$

其中，∨ 表示 max， 即为 $\max[m_a, n_a]$ 。

基于 ABC 法和假设，$\sum_{a \in A}(m_a \vee n_a)(ce_v^t + ce_v^p)u_a$ 是变动环境成本 v， 而 ce_f^f 是固定环境成本 f。 通过工作作业过程的分析、作业确认和成本分配，$ce_f^c = \sum_{v \in V} pe_{jv}^v \sum_{a \in A}(m_a \vee n_a)(ce_v^t + ce_v^p)u_a$， 表示的是作业成本中心 j 中的变动环境成本，而 $\sum_{f \in F} pe_{if}^f ce_f$ 则表示产出 i 的固定环境成本。确定作业成本动因和成本动因量的测定，$ra_j = \frac{ce_j^c}{am_j}$ 是作业成本中心 j 的成本动因率，而产出 i 的变动环境成本就为 $\sum_{j \in J} ra_j am_{ij}$。 最终环境成本可以表示为如下：

$$\sum_{i \in I}\left(\sum_{j \in J}\frac{\sum_{v \in V} pe_{jv}^v \sum_{a \in A}(m_a \vee n_a)(ce_v^t + ce_v^p)u_a}{am_j}am_{ij} + \sum_{f \in F} pe_{if}^f ce_f^f\right)$$

这是基于风险的识别和评估，对环境风险可能损失的表达，加上环境破坏的可能等级为 $\tilde{\varsigma}$，就可以完整地刻画建设工程项目的环境风险损失值，从而通过模型来进行损失预防控制。

由此可以得到上层决策的成本目标函数，如（7-1）所示：

$$C(u) = \sum_{a \in A}(m_a \vee n_a)\left((c_{va}^t + m_a c_{va}^p)u_a + (c_{fi}^t + m_a c_{fi}^p)\right) + \rho\tilde{\tilde{\varsigma}}\sum_{i \in I}\left(\sum_{j \in J}\frac{\sum_{v \in V} pe_{jv}^v \sum_{a \in A}(m_a \vee n_a)(ce_v^t + ce_v^p)u_a}{am_j}am_{ij} + \sum_{f \in F} pe_{if}^f ce_f^f\right) \quad (7-1)$$

其中，ρ 表示环境成本权重，由项目经理的偏好决定。

另一方面，在考虑加固后，交通运输的地震破坏损失也是上层决策的目标之一，这是希望通过加固后，能够尽量减少这部分损失。它由下层规划的计算而得，包括交通网络重建的成本和交通阻滞带来的成本损失，如（7-2）所示：

$$Q(x, \tilde{\tilde{\xi}}) \quad (7-2)$$

$\tilde{\tilde{\xi}}$ 是 $\tilde{\tilde{\xi}}_a(a \in A)$ 的向量组合。这里的地震风险是在识别和评估后，用不确定变量的形式表达出来，并经由模型来实现风险损失的预防控制。

2. 逻辑约束

为了让决策变量符合实际意义，它必须要有逻辑上的约束，即：

$$u_a \in \{0,1,2,3,4,5\}, \forall a \in A \quad (7-3)$$

由目标函数和约束，可以得到上层决策的规划模型，如（7-4）所示：

$$\min(C(u), Q(x,\tilde{\tilde{\xi}})) = \left(\sum_{a \in A}(m_a \vee n_a)\left((c_{va}^t + m_a c_{va}^p)u_a + (c_{fi}^t + m_a c_{fi}^p)\right) + \rho\tilde{\tilde{\varsigma}}\sum_{i \in I}\left(\sum_{j \in J}\frac{\sum_{v \in V} pe_{jv}^v \sum_{a \in A}(m_a \vee n_a)(ce_v^t + ce_v^p)u_a}{am_j}am_{ij} + \sum_{f \in F} pe_{if}^f ce_f^f\right), Q(x,\tilde{\tilde{\xi}})\right)$$

$$s.t.\begin{cases} u_a \in \{0,1,2,3,4,5\}, \forall a \in A \\ P_l \end{cases} \quad (7-4)$$

上层规划对于建设工程项目风险损失的控制体现在最小化地震损失和环境成本上，其中最小化的地震损失由下层规划计算而得。

三、下层规划

下层规划中，在遭受地震灾害后，运输经理决定运输路径上的流量 x_k，以满足运送的需要。在建设工程项目的交通网络中，从一个起点出发到一个目的地的所有通路组成一条运输路径，不同的路径是不同的出发点和终点间的通路 k。x_k 用来表示路径 k 上的流量。最优的流量控制决策是能够实现，在经过通路加固后，建设工程项目交通网络所遭受的地震损失最小化的决定。

$\tilde{\tilde{\Xi}}$ 描述的是经过加固后，通路再遭遇地震时的破坏等级。其中，$\tilde{\tilde{\Xi}}$ 是 $\tilde{\tilde{\Xi}}_a(a \in A)$ 的向量组合。加固后的通路破坏等级可以由加固前的破坏等级减去加固决策的等级来得到。事实上，负的通路破坏等级是没有意义的，所以负的等级直接取值为 0，它表示通路被保护得很好，没有遭受破坏。下式定义了加固后的通路破坏等级：

$$\tilde{\tilde{\Xi}}_a(\tilde{\tilde{\xi}}_a,\ u_a) = [\tilde{\tilde{\xi}}_a - u_a]_+,\ \ \forall a \in A$$

1. 目标函数

地震对于建设工程项目交通网络破坏所造成的损失是下层规划的目标，它包括交通网络重建的成本和交通阻滞带来的成本。运输经理就是以这个成本最小化为目标的。根据假设，重建成本如下所示：

$$\sum_{a \in A}(m_a \vee n_a)((cr_{va}^t + m_a cr_{va}^p)\tilde{\tilde{\Xi}}_a + (cr_{fi}^t + m_a cr_{fi}^p))$$

这是通过计算在地震灾害后交通网络进行重建的变动成本和固定成本得到的。交通阻滞成本是对灾后交通网络中各通路所有耗时计算后，再转化为以货币值表示的成本。交通网络各通路的耗时是用它通过的时间和流量的乘积来表示的，当然通过时间也是和流量有关联的，它们的关系可以用 Bureau of Public Roads（BPR）函数来描绘。这个函数的形式是 $ti_a^0(1 + \alpha(fl_a/ca_a')^\beta)$，是一个非减的函数。其中，$ti_a^0$ 和 fl_a 分别表示通路 a 在空置时的通过时间和总流量，ca_a' 表示通路 a 的实际容量，其为设计容量的 90%。所以交通阻滞成本可以表示为：

$$ti_a^0(1 + \alpha(fl_a/ca_a')^\beta)fl_a$$

那么下层规划的目标函数即为下式所示：

$$Q(x,\tilde{\tilde{\xi}}) = \sum_{a \in A}(m_a \vee n_a)((cr_{va}^t + m_a cr_{va}^p)\tilde{\tilde{\Xi}}_a + (cr_{fi}^t + m_a cr_{fi}^p))$$

$$+\gamma ti_a^0(1+\alpha(fl_a/ca_a')^\beta)fl_a \tag{7-5}$$

其中，γ 是时间到货币值的转化系数，α、β 是 BPR 函数的系数。而 $\tilde{\tilde{\Xi}}_a$ 也就是 $[\tilde{\tilde{\xi}} - U_a]_+$。这里的地震风险是在识别和评估后，用不确定变量的形式表达出来，并经由模型来实现风险损失的预防控制。

2. 节点流量约束

在地震发生时，为了及时抢险救灾，交通网络中的各节点，也就是运输的中转地点必须发挥最大的功效，所以应该对其进行充分的利用。这个约束就是为了平衡运输的流量和节点的容量，保证不超过容量限制的情况下，最大地发挥节点的作用。

$$Wx = ca_b,\ \ \forall b \in B \tag{7-6}$$

其中，W 是节点-路径关联矩阵；x 是路径流量的向量组合，x_k，$k \in K$；$ca_b \in R_+$，是节点 b 的容量。

3. 流量等式约束

通路 a 的流量由所有包含它的路径 k 的流量加总而得。

$$fl_a = Mx,\ \ \forall a \in A \tag{7-7}$$

其中，M 为通路-路径关联矩阵。

4. 通路震后流量约束

遭遇地震后，通路因为被破坏，在流量上必定有所减少且不能超过限制。

$$fl_a \leqslant (1 - \tilde{\tilde{\Xi}}_a/5)ca_a',\ \ \forall a \in A \tag{7 - 8}$$

其中，fl_a 由公式（7-7）而得。这里的地震风险是在识别和评估后，用不确定变量的形式表达出来，并经由模型来实现风险损失的预防控制。

5. 逻辑约束

为了保证决策变量的实际意义，它必须要有逻辑上的约束。

$$x \geqslant 0, \forall k = 1, \cdots, K \tag{7-9}$$

由上面的目标函数和约束，可以得到下层规划的模型如下：

$$Q(x,\tilde{\tilde{\xi}},\tilde{\tilde{\zeta}}) := \min \sum_{a \in A} (m_a \vee n_a)((cr_{va}^t + m_a cr_{va}^p)\tilde{\tilde{\Xi}}_a + (cr_{fi}^t + m_a cr_{fi}^p))$$

$$+\gamma ti_a^0(1+\alpha(fl_a/ca_a')^\beta)fl_a$$

$$
s.t.\begin{cases}
Wx = ca_b, \forall b \in B \\
fl_a = Mx, \forall a \in A \\
fl_a \leqslant (1-\tilde{\tilde{\Xi}}_a/5)\, cq_a', \forall a \in A \\
x_k \geqslant 0, \forall k = 1, \cdots, K
\end{cases} \tag{7-10}
$$

由于建设工程项目的地震风险和环境风险互相融合影响，不能简单地独立看待，所以，单独考虑各个决策是不合理的。加固决策的结果会直接影响运输安排计划，而运输中的成本又会反映到加固中去。在通过风险的识别和评估后，将各风险因素建立到模型的目标和约束条件中，从而经过模型的求解来实现损失预防控制的目标。因此，综合上层规划模型（7-4）和下层规划模型（7-10），在模糊随机环境下，二层多目标地震—环境风险损失控制模型的数学表达式如下：

$$
\begin{aligned}
\min(C(u), Q(x,\tilde{\tilde{\xi}})) = \Bigg(& \sum_{a \in A}(m_a \vee n_a)((c_{va}^t + m_a c_{va}^p)u_a + (c_{fi}^t + m_a c_{fi}^p)) \\
& + \rho\tilde{\tilde{\zeta}} \sum_{i \in I}\left(\sum_{j \in J} \frac{\sum_{v \in V} pe_{jv}^v \sum_{a \in A}(m_a \vee n_a)(ce_v^t + ce_v^p)u_a}{am_j} am_{ij} \right. \\
& \left. + \sum_{f \in F} pe_{if}^f ce_f^f \right), Q(x,\tilde{\tilde{\xi}}) \Bigg)
\end{aligned}
$$

$$
s.t.\begin{cases}
u_a \in \{0,1,2,3,4,5\}, \forall a \in A \\
Q(x,\tilde{\tilde{\xi}}) := \min \sum_{a \in A}(m_a \vee n_a)((cr_{va}^t + m_a cr_{va}^p)\tilde{\tilde{\Xi}}_a + (cr_{fi}^t + m_a cr_{fi}^p) \\
\qquad + \gamma ti_a^0(1+\alpha(fl_a/ca_a')^\beta) fl_a) \\
s.t.\begin{cases}
Wx = ca_b, \forall b \in B \\
fl_a = Mx, \forall a \in A \\
fl_a \leqslant (1-\tilde{\tilde{\Xi}}/5)\, cq_a', \forall a \in A \\
x_k \geqslant 0, \forall k = 1, \cdots, K
\end{cases}
\end{cases} \tag{7-11}
$$

四、模型解析

为了处理模型（7-11）中的模糊随机变量，提出了一种新颖的方法将这样的变量转化为类似于梯形模糊数的模糊变量。同时对变化而来的二层多目标模糊规划，参照文献给出求解的方法，为后面的算法设计提供依据。

1. 模糊随机变量转化

Xu 和 Liu 在他们的文章中提出了一个可以将模糊随机变量转化为类似于梯形模糊数的模糊变量。书中的研究调整了这个定理和它的证明，使其能够更加适用于离散随机变量，有着具有模糊性质的浮动上边界、中值、下边界参数。

经过定理 7. 1 及证明如附录所示，模糊随机的破坏等级，包括地震对建设工程项目交通网络的破坏和项目对环境的破坏，$\tilde{\bar{\xi}}$ 和 $\tilde{\varsigma}$，可以转化为 (δ,η)，水平梯形模糊变量 $\tilde{\xi}_{(\delta,\eta)}$ 和 $\tilde{\varsigma}_{(\delta,\eta)}$。因此模型（7-11）可以转化为二层多目标模糊规划。

$$\min(C(u),Q(x,\tilde{\xi}_{(\delta,\eta)},\tilde{\varsigma}_{(\delta,\eta)}))=\Bigg(\sum_{a\in A}(m_a\vee n_a)((c_{va}^t+m_ac_{va}^p)u_a+(c_{fi}^t+m_ac_{fi}^p))+\rho\tilde{\xi}_{(\delta,\eta)}\sum_{i\in I}\left(\sum_{j\in J}\frac{\sum_{v\in V}pe_{jv}^v\sum_{a\in A}(m_a\vee n_a)(ce_v^t+ce_v^p)u_a}{am_j}am_{ij}+\sum_{f\in F}pe_{if}^fce_f^f\right),Q(x,\tilde{\xi}_{(\delta,\eta)})\Bigg)$$

$$s.t.\begin{cases}u_a\in\{0,1,2,3,4,5\},\ \forall a\in A\\ Q(x,\tilde{\xi}_{(\delta,\eta)}):=\min\sum_{a\in A}((m_a\vee n_a)((cr_{va}^t+m_acr_{va}^p)[(\tilde{\xi}_{(\delta,\eta)})_a-u_a]_+\\ \qquad+(cr_{fi}^t+m_acr_{fi}^p))+\gamma ti_a^0(1+\alpha(fl_a/cq_a')^{\beta})fl_a)\\ s.t.\begin{cases}Wx=ca_b,\ \forall b\in B\\ fl_a=Mx,\ \forall a\in A\\ fl_a\leqslant(1-[(\tilde{\xi}_{(\delta,\eta)})_a-u_a]_+/5)cq_a',\ \forall a\in A\\ x_k\geqslant 0,\ \forall k=1,\cdots,K\end{cases}\end{cases}\tag{7-12}$$

2. 模糊变量分解逼近

在模型（7-11）中，$\tilde{\bar{\xi}}$ 和 $\tilde{\bar{\varsigma}}$ 是参数，在被转化为 $\tilde{\xi}_{(\delta,\eta)}$ 和 $\tilde{\varsigma}_{(\delta,\eta)}$ 后，这些模糊变量可以被视为模糊数，所以可以引入分解逼近的方法。这个方法是用以求解二层多目标模糊规划的。

通过文献中的定理 17 和 18，模型（7-12）的解可以通过对等价清晰的二层多目标规划模型的求解得到。

在模糊随机变量转化为 (δ,n) 水平梯形模糊变量后，将会对这样变量进行分解直至到达终止条件。在分解的过程中，模型（7-13）将在一系列的 λ 值下求解，而 λ 就是由区间［0，1］等分而来的。

这里给出的对模糊随机变量的转化实际上是基于决策者的偏好进行的，主要体现在对随机变量概率水平 δ 和模糊变量可能性水平 η 的选择上。在经过这样的处理后，建设工程项目地震和环境风险的不确定性因素就会按照决策者，即为项目经理和运输经理的偏好进行转化，相应所得的风险损失值，也就转化为了风险损失偏好值，从而应用到模型中去。再通过以风险损失偏好值最小化为准则的决策过程，得到的结果就可以作为具体实施和管理建议的依据。使用分解逼近的方法对模糊变量的处理并求解，将作为后面算法设计的依据。

$$
\begin{aligned}
\min(C(u),Q(x,\xi_\lambda^{L(R)},\varsigma_\lambda^{L(R)})) = \Bigg(& \sum_{a\in A}(m_a \vee n_a)((c_{va}^t + m_a c_{va}^p)u_a + (c_{fi}^t + m_a c_{fi}^p)) \\
& + \rho\,\varsigma_\lambda^L \sum_{i\in I}\left(\sum_{j\in J}\frac{\sum_{v\in V} pe_{jv}^v \sum_{a\in A}(m_a \vee n_a)(ce_v^t + ce_v^p)u_a}{am_j} am_{ij}\right. \\
& \left. + \sum_{f\in F} pe_{if}^f ce_f^f\right), \sum_{a\in A}(m_a \vee n_a)((c_{va}^t + m_a c_{va}^p)u_a + (c_{fi}^t + m_a c_{fi}^p)) \\
& + \rho\,\varsigma_\lambda^R \sum_{i\in I}\left(\sum_{j\in J}\frac{\sum_{v\in V} pe_{jv}^v \sum_{a\in A}(m_a \vee n_a)(ce_v^t + ce_v^p)u_a}{am_j} am_{ij}\right. \\
& \left. + \sum_{f\in F} pe_{if}^f ce_f^f\right), (Q(x,\xi_\lambda^L), Q(x,\xi_\lambda^R))\Bigg)
\end{aligned}
$$

$$
s.t.\begin{cases}
u_a \in \{0,1,2,3,4,5\}, \forall a \in A \\
Q(x,\xi_\lambda^{L(R)}) = (Q(x,\xi_\lambda^L), Q(x,\xi_\lambda^R)) \\
:= \min\Big(\sum_{a \in A} ((m_a \vee n_a)((cr_{va}^t + m_a cr_{va}^p)[(\xi_a)_\lambda^L - u_a]_+ + (cr_{fi}^t + m_a cr_{fi}^p)) \\
+\gamma ti_a^0 (1+\alpha (fl_a/ca_a')^\beta) fl_a), \sum_{a \in A} ((m_a \vee n_a)((cr_{va}^t + m_a cr_{va}^p)[(\xi_a)_\lambda^R - u_a]_+ \\
+(cr_{fi}^t + m_a cr_{fi}^p)) + \gamma ti_a^0 (1+\alpha (fl_a/ca_a')^\beta) fl_a) \\
s.t.\begin{cases}
Wx = ca_b, \forall b \in B \\
fl_a = Mx, \forall a \in A \\
fl_a \leqslant (1-[(\xi_a)_\lambda^L - u_a]_+/5) ca_a', \forall a \in A \\
fl_a \leqslant (1-[(\xi_a)_\lambda^R - u_a]_+/5) ca_a', \forall a \in A \\
x_k \geqslant 0, \forall k = 1, \cdots, K
\end{cases}
\end{cases}
\quad (7-13)
$$

五、基于分解逼近 AGLNPSO

Jeroslow 在 1985 年就曾证明过二层线性规划问题是一个 Non-deterministic Polynomial time hard（NP 难）问题，Bard 更是提出了将一些典型的 NP 难问题通过多项式的转化变为二层线性规划问题，由此说明验证该问题计算的复杂性。因此，这样的结论意味着不能用通常的多项式算法来求解这样的问题。在众多已设计和提出的算法当中，PSO 作为求解二层规划的典型进化算法之一，同时因为其对多目标优化的成功求解，在解决二层多目标问题时能够表现出更为优秀的特性。为此，就所讨论的具体问题，考虑二层和多目标的模型特点，这章继续选用 PSO 算法，并在此基础上，针对所讨论问题的特殊性，为转化后的清晰等价模型创建更为方便有效的算法。

1. AGLNPSO

GLNPSO 是基于基础 PSO 提出的对寻优和优算进行了改进的算法。基础的 PSO 在粒子更新时，其方向主要是参考个人最优值（pbest）和全局最优值（gbest）。然而由于一些极端情况的出现，使得最优方向的寻找可能令粒子过快地陷入收敛，而这时候的收敛结果，往往都是局部最优解，没法令人满意。在这样的情况下，一些学者提出了粒子优化的多社会结构，为粒子优化的方向找到了另外两个方向，局部最优值（lbest）和邻近最优值（nbest）。这样的改进，可以为粒子提供更为多元化的进化方向，可以大大地扩大解的搜索空间，同时也能更快地实现最优。另一方面，在粒子更新的过程中，其惯性权重决定着它的运动情况，如果权重太大，粒子更多将沿着自身的运动轨迹活动，而权重太小，又会引发粒子的从众行为，因此对其作出调整，可以大大改善粒子寻优的结果。于是 Ueno 等人提出了惯性权重自适应的方法（APSO）来改进粒子的运动规律，并将其融合到 GLNPSO 中，形成了 AGLNPSO。这个基于基础 PSO 改进的算法，主要的过程可以描述如下（附录符号 7.2 引入算法记号以方便算法的描述）：

（1）初始化迭代系数、粒子结构。

（2）解码粒子，可行性检查，得到问题的解值。

（3）评价各粒子得到适应值。

（4）更新 pbest、gbest、lbest、nbest。

（5）更新惯性权重。

（6）更新粒子位置和惯性，并确保其在可行域内。

（7）检查迭代条件，如果满足则退出并得到问题的最优解，反之则返回第 2 步继续。

2. 分解逼近法

分解逼近的方法是根据上面对二层多目标模糊规划模型的数学处理而得来的具体实施算法。它是专门解决这类模糊规划的有效方法，通过对带有模糊变量的规划进行不断地细分，形成一系列清晰的等价模型。经过模型的求解，找到分解后模型的解值差在可接受阈值范围内的清晰等价模型，则视为对模糊规划的最终求解。在下面的算法创建中，将这种方法融入针对所讨论问题的具体求解算法中。

3. 算法过程

基于以上的介绍和讨论，针对建设工程项目中地震—环境风险的损失与控制问题，提出了基于分解逼近的 AGLNPSO（Approximation Decomposition - based AGLNPSO），详细内容如附录程序 7.1 所示。

第四节　案例应用

以上提出的方法将会应用到一个大型水利水电建设工程项目中，以验证方法的可行性和有效性。为了与前面章节相关联，关于这个建设工程项目的讨论主要集中在地震和环境风险的损失控制上。

溪洛渡水电站，是金沙江流域的大型建设工程项目，位于四川省雷波县和云南省永善县接壤的溪洛渡峡谷段，是一座以发电为主，兼有拦沙、防洪和改善下游航运等综合效益的大型水电站。由于这个项目地处山地和河域峡谷地带，又正好在四川省和云南省交界处的地震多发带上，因此地震频发，影响巨大。比如 2008 年震惊世界的汶川大地震和随后的攀枝花会理地震曾均给当地的政治经济生活带来过严重的破坏。再考虑到溪洛渡水电站重要的经济和社会地位，非常有必要对其面临的地震风险实施控制。特别是这个建设工程项目的交通网络设施，尤其值得关注，主要是因为该区域所处的县区经济还不是特别发达，道路路况等本就不甚理想，在遭遇地震的破坏后，其后果可想而知。因此，在地震灾害来临之前，提前对项目场内外的交通网络进行加固势在必行。另外，因为该地域的开发尚浅，自然和生态环境都还保持着较好的原始风貌，如此大型的建设工程项目在此动工，势必会对当地造成不小的影响，对交通网络设施的加固也是如此。因此，面对可能造成的环境破坏，必须考虑环境保护的问题。那么对环境风险损失，以及相应环境成本的控制是必要的。本书以溪洛渡水电站的交通网络设施为例，通过应用所提出的方法来控制其地震和环境风险的损失。其中，应用实例数据主要是参考各类工程数据、博士论文、文献等，并结合项目实际整理而来。

一、案例问题情况

这个建设工程项目的交通网络包括场内交通和场外交通两个系统。场内交通由 20 条主要的道路构成，它们分别分布在金沙江的左右两岸，共同构成一个稳定的交通网络。其中，有一条临时的交通桥建筑在河道上游，且另有一条永久的交通桥位于河道下游。场外交通由一些供机动车行驶的二级公路组成，起于项目的大坝，终点连接到普洱渡火车站，用以满足项目的对外运输。为了能够更为方便地应用本书中所提出的方法，我们将相邻的一些同类型道路进行了合并，同时忽略道路的具体走向和形状等特征。一个简化的溪洛渡水电站建设工程项目的交通网络抽象图如图 7.3 所示。

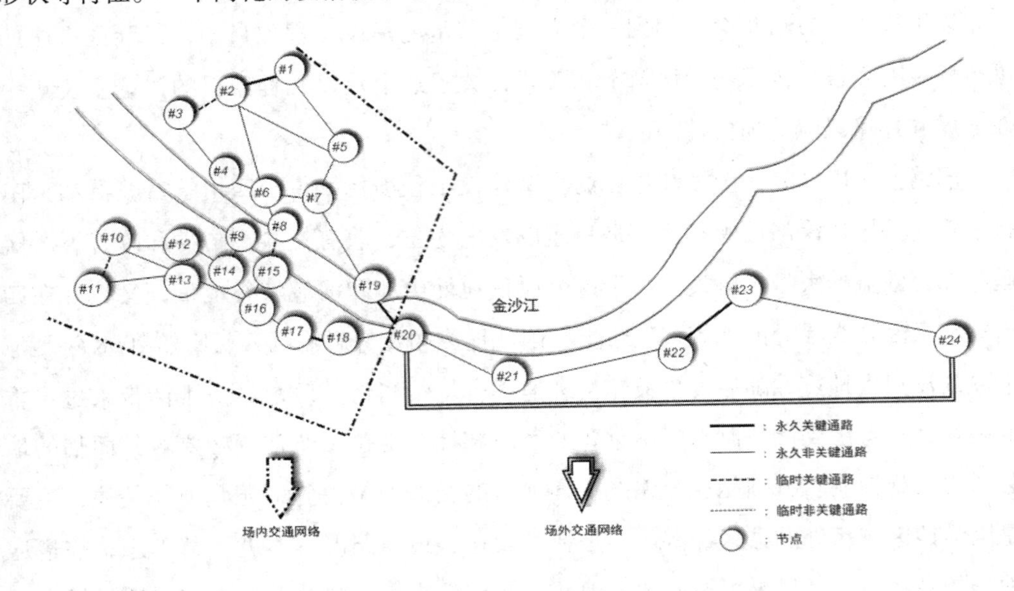

图 7.3　项目案例的结构

在图 7.3 中根据道路的实际坐落位置描述了整个交通网络，并且区分了永久和临时、关键和非关键四种通路的类型。可以看到，这个简化的抽象交通网络中共有 24 个节点和 29 条通路。其中共有 12 条预先确定的分别从起点到终点的运输路径。这些运输路径中包含的 16 个用于出发、中转、到达的节点都有容量上的限制（即为可供通过的车辆数，单位：辆 n）。表 7.3 和表 7.4 给出了相关的数据。

表 7.3　运输路径

运输路径 k 路径组成	
1’	#24→#23→#22→#21→#20
2’	#20→#21→#22→#23→#24
3’	#20→#19→#7→#5→#2
4’	#2→#5→#7→#19→#20
5’	#6→#7→#19→#20

表7.3(续)

运输路径 k 路径组成	
6’	#20→#19→#7→#6
7’	#20→#18→#17→#16→#13
8’	#13→#16→#17→#18→#20
9’	#20→#18→#17→#16→#14
10’	#14→#16→#17→#18→#20
11’	#20→#18→#17→#16→#15
12’	#15→#16→#17→#18→#20

表 7.4　　运输路径中的节点容量

节点 b	#24	#23	#22	#21	#20	#19	#7	#5	#2	#6	#18	#17	#16	#13	#14	#15
容量 $ca_b(n)$	51	51	51	51	149	49	49	22	22	25	49	49	49	16	18	15

对于这个建设工程项目交通网络中的通路，它们都有着各自的空置时的通过时间 t_a^0（单位：小时 h），实际容量 c_a'（即为可供通过的车辆数，单位：辆 n），这个值是其设计容量的 90%，相关的数据在表 7.5 中给出，而地震对于交通网络设施的模糊随机破坏在第三章中已作为示例给出。

表 7.5　　运输路径中的节点容量

通路 a	对应节点	空置时的通过时间 $t_a^0(h)$	实际容量 $c_a'(n)$
1	#1，#2	0.10	72
2	#2，#3	0.08	75
3	#1，#5	0.25	87
4	#2，#5		
5	#2，#6		
6	#3，#4		
7	#4，#6		
8	#6，#7		
9	#5，#7		
10	#6，#8		
11	#7，#19		

表7.5(续)

通路 a	对应节点	空置时的通过时间 $t_a^0(h)$	实际容量 $c_a'(n)$
12	#19，#20	0.10	101
13	#10，#11	0.05	96
14	#1，#5	0.30	90
15	#12，#14		
16	#14，#16		
17	#9，#14		
18	#11，#13		
19	#13，#16		
20	#10，#13		
21	#15，#16		
23	#16，#17		
25	#18，#20		
22	#8，#15	0.09	89
24	#17，#18	0.10	84
26	#20，#21	0.40	126
27	#21，#22		
29	#23，#24		
28	#22，#23	0.15	96

在这个应用案例中，建设工程项目交通网络设施的加固总共有两种产出：永久通路的加固（$i=1$），临时通路的加固（$i=2$）。加固施工的作业过程对于两种道路来说是没有区别的。整个施工过程一共包含10个作业，$j=1,\cdots,10$：①路面破除；②沟槽开挖；③管道铺设；④沟槽回填；⑤土石加固；⑥平整路基；⑦排水沟开挖；⑧修筑路边石；⑨修筑路基；⑩修筑路面。

需要注意的是对每个作业都建立一个作业成本库。在这个建设工程项目交通网络加固的施工中，共有五种环境破坏的媒介：①空气；②污水；③建筑垃圾；④土壤和地下水；⑤噪音和震动。

根据文献，该项目的环境成本主要来自于如下四个方面：

（1）污染和排放物处理：相关设备，运作、维护和服务，相关人员，税费，保险。

（2）预防和环境保护：环境防护管理，环境防护活动。

（3）无功效产出材料购置：主材料，辅助材料，运作材料，包装，能源，水。

（4）无功效产出处置：设备，人工。

1、3、4 这三种环境成本的来源是变动成本（v = 1, 2, 3），而成本来源 b 是固定成本，它们的具体数据如下（单位：元）：

$$[ce_1^p, ce_2^p, ce_3^p] = [11\ 800, 5\ 764, 2\ 216]$$

$$[ce_1^t, ce_2^t, ce_3^t] = [73\ 870, 8\ 665, 3\ 365]$$

$$ce_1^f = 36\ 538$$

因此环境成本的分配过程可以如图 7.4 所示。

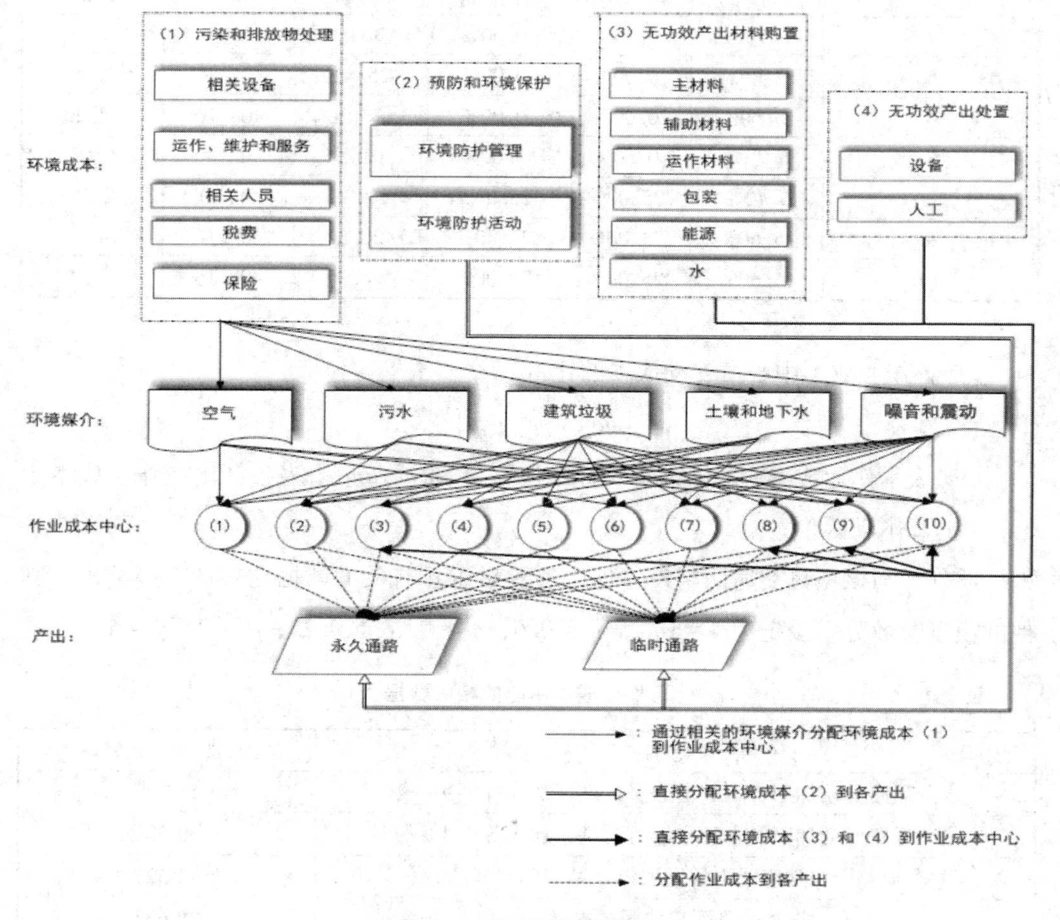

图 7.4　项目实例的结构

根据问题的实际情况参考图 7.4，各产出在固定成本（也就是成本来源 2）上的比例为：

$$[pre_1 1^f, pre_2 1^f] = [90.8\%, 9.2\%]$$

为了最终计算各产出的环境成本，各作业成本中心（$j=1,\cdots,10$）相关的数据在表 7.6 中给出。

表 7.6　　各作业成本中心的相关数据

作业成本中心	jpe_{j1}^v	pe_{j2}^v	pe_{j3}^v	am_j	am_{1j}	c_{fi}^t
1	15.60%	0.00%	0.00%	426.30	408.10	18.20
2	6.70%	0.00%	0.00%	9.74	9.32	0.42
3	6.70%	25.00%	25.00%	60.90	58.30	2.60
4	6.70%	0.00%	0.00%	3.35	3.21	0.14
5	5.40%	0.00%	0.00%	25.58	24.49	1.09
6	15.60%	0.00%	0.00%	426.30	408.10	18.20
7	6.70%	0.00%	0.00%	0.61	0.58	0.03
8	5.40%	25.00%	25.00%	60.90	58.30	2.60
9	15.60%	25.00%	25.00%	426.30	408.10	18.20
10	15.60%	25.00%	25.00%	426.30	408.10	18.20

j 是各作业成本中心占变动成本的比例。

$$[pe_{j1}^v,\ pe_{j2}^v,\ pe_{j3}^v]$$

am_j 表示作业成本中心 j 的成本动因总量，$[am_{1j},\ am_{2j}]$ 为各产出在作业成本中心 j 中的成本动因量。

此外，与该项目交通网络设施加固和震后重建有关的数据在表 7.7 中给出，其他的模型参数分别设定为 $\delta = 0.2$，$\eta = 0.6$，$\rho = 1$，$\alpha = 0.25$，$\beta = 2$，$\gamma = 1$。

表 7.7　　各作业成本中心的相关数据

项目	成本（元）
永久通路变动加固成本的增加值（基于加固等级 1）c_{va}^p	16 732
临时通路变动加固成本的增加值（基于加固等级 1）c_{va}^t	30 528
永久通路固定加固成本的增加值（基于临时通路）c_{fi}^p	14 525
临时通路固定加固成本 c_{fi}^t	28 637

表7.7(续)

项目	成本（元）
永久通路变动重建成本的增加值（基于破坏等级1）cr_{va}^{p}	107 052
临时通路变动重建成本的增加值（基于破坏等级1）cr_{va}^{t}	98 063
永久通路固定重建成本的增加值（基于临时通路）cr_{fi}^{p}	69 894
临时通路固定重建成本 cr_{fi}^{t}	50 183

二、案例问题结论

按照书中所提的方法，通过第三章风险的识别可以知道在建设工程项目中地震和环境风险的主要因素在于模糊随机的破坏，包括地震对项目交通网络设施的破坏和加固施工对环境的破坏，而这些不确定因素直接反映了项目风险的所在。经过第三章中对于风险的评估后，明确了建设工程项目中地震—环境风险的损失与控制的重要性和必要性，并且得到了对不确定因素的估计。基于以上的结果，考虑到风险的模糊随机不确定因素，可以用模型（6-11）来对问题实例进行控制决策建模，并提出了一种新颖的方法将模型中的模糊随机变量转化为类似于梯形模糊数的模糊变量，进而得到风险的损失偏好，选用参数 $\delta=0.2$，$\eta=0.6$。同时对变化而来的二层多目标模糊规划，参照文献给出求解的方法，为后面的算法设计提供依据。最后利用提出的基于分解逼近的 AGLNPSO 可以求解这个项目实例，得到以风险损失偏好值最小化为准则的决策方案，为具体的实施提供指导。

用以上给出的项目实例数据，使用 MATLAB 7.0 在 Inter 处理器 2，2.00 赫兹和 2G 内存性能的计算机下对基于分解逼近的 AGLNPSO 进行编程运算。算法参数选用阈值 $\varepsilon=0.9$，$swarm\_sizeS=20$，$iteration\_\max T=100$，$inertiaweight\_\max\omega^{\max}=0.9$，$inertiaweight\_\min\omega^{\min}=0.1$。粒子个人、全局、局部和邻近最优的加速常量为 $c_p=0.5$、$c_g=0.5$、$c_l=0.2$、$c_n=0.1$。

在经过 8 代的分解逼近后，程序的分解终止条件到达，也就是 Pareto 最优解逼近且趋于稳定。在总共运行了 10 次的情况下，平均用时 36 分钟，这个时间是可以接受的。表 7.8 是上层规划计算结果。Pareto 最优解即为各通路的加固决策结果，由于计算所得的 Pareto 最优解较多，共 25 个，所以在这里只列出了其中的 10 个。表 7.9 描述的是对应于上层规划而来的下层规划的解，即为各运输路径的流量。需要说明的是对所有的 Pareto 最优解，下层规划的决策结果是一样的。这说明上层规划的决策对于下层规划的影响主要体现在其目标函数上。也就是说下层的决策者运输经理在上层加固决策的影响下，寻求最优的流量控制策略，而这个策略虽然不受加固决策的影响而改变，但是策略最后得到的目标值即为地震破坏的损失却会随着加固决策的变化而变化。加固的等级越高，相应的成本也就越高，但损失值也就越低。因此下层虽然希望加固增强，以减少损失，但作为上层综合考虑成本和损失的项目经理，需要平衡这样一个矛盾。项目经理可以根据需要选择决策方案，并据此展开具体的风险损失控制实施。如果他觉得加固和环境成本 C 更为重要，就选择相应最小的方案，反之则选择令地震损失最小的方案。

表 7.8　　上层规划的 Pareto 最优解

解 u_a		1*	2*	3*	4*	5*	6*	7*	8*	9*	10*	……
通路 a	1	3	3	3	3	4	4	2	1	3	3	……
	2	4	3	4	3	4	4	1	5	2	4	……
	3	2	4	2	3	2	1	2	1	5	2	……
	4	2	2	3	3	5	1	3	3	1	3	……
	5	4	3	3	1	4	4	1	5	3	4	……
	6	3	4	3	3	5	2	5	3	3	3	……
	7	4	3	3	3	3	5	1	1	2	3	……
	8	2	3	2	3	1	1	3	4	3	3	……
	9	3	4	3	2	5	1	2	4	4	3	……
	10	3	3	3	2	3	3	4	1	3	2	……
	11	2	2	2	2	3	3	2	1	1	2	……
	12	3	3	4	2	2	3	3	4	2	4	……
	13	3	3	3	1	5	3	4	4	2	3	……
	14	4	3	4	1	1	5	3	2	3	3	……
	15	2	2	1	1	2	1	2	1	3	2	……
	16	3	2	3	3	3	3	3	4	1	3	……
	17	3	2	3	2	2	4	3	2	2	3	……
	18	3	2	3	3	3	4	4	1	1	3	……

表7.8(续)

解 u_a		1*	2*	3*	4*	5*	6*	7*	8*	9*	10*	……
	19	3	3	2	5	1	2	5	1	3	2	……
	20	2	3	2	2	2	2	2	2	4	3	……
	21	2	4	2	5	1	1	4	3	5	4	……
	22	3	3	3	5	4	1	4	3	4	2	……
	23	2	3	2	5	2	1	2	2	3	2	……
	24	2	2	3	4	1	2	3	4	2	2	……
	25	3	2	3	2	3	3	1	5	2	3	……
	26	2	2	2	3	1	1	3	1	1	2	……
	27	4	3	4	1	3	4	3	3	2	3	……
	28	3	2	3	3	3	5	2	3	1	3	……
	29	4	4	4	5	4	5	2	5	3	4	……

表 7.9　　下层规划的最优解

运输路径 k	1’	2’	3’	4’	5’	6’	7’	8’	9’	10’	11’	12’
运输路径流量 $x_k(n/h)$	25. 50	25. 50	12. 00	12. 00	12. 50	12. 50	8. 00	8. 00	9. 00	9. 00	7. 50	7. 50

三、问题的结果分析

为了说明方法的可行性、科学性、先进性和有效性，对问题的结果进行了分析。

1. 方法的价值

通过建设工程项目中地震—环境风险的识别、评估和决策建模，可以为项目经理和运输经理提供以追求损失偏好值最小化为目标的决策方案，通过对交通网络实施的加固和从作业工序的角度来预防控制损失，未雨绸缪，从而可以有效地控制风险。二层规划的决策结构将建设工程项目中地震和环境这一对密不可分的风险结合在一起讨论，追求多个损失目标的控制，更能够反映现实中的实际情况。用模糊随机变量来描述地震对交通设施的破坏以及施工对环境的破坏，全面考虑了不确定的情况，能够为风险的有效预防提供更为准确的风险信息。相较于现有的一些研究，选用的方法能为实际工作者提供更为理性的选择。同时，通过多目标方法得到的Pareto 最优解集，使得决策者能够基于需要选择更为有效可行的方案。因此，研究和所提出的方法是有一定价值和意义的。

2. 算法有效性

文中使用的基于分解逼近的 AGLNPSO 算法，在粒子表达上很好地反映了实际问题的解，并且通过复合的粒子更新机制，能够成功地加强粒子的搜索能力，由此可以扩大解的搜索空间，增加其多样性。同时，分解逼近的办法也能有效地解决二层多目标模糊规划的求解问题。图 7.5 为案例的 Pareto 最优解迭代过程。

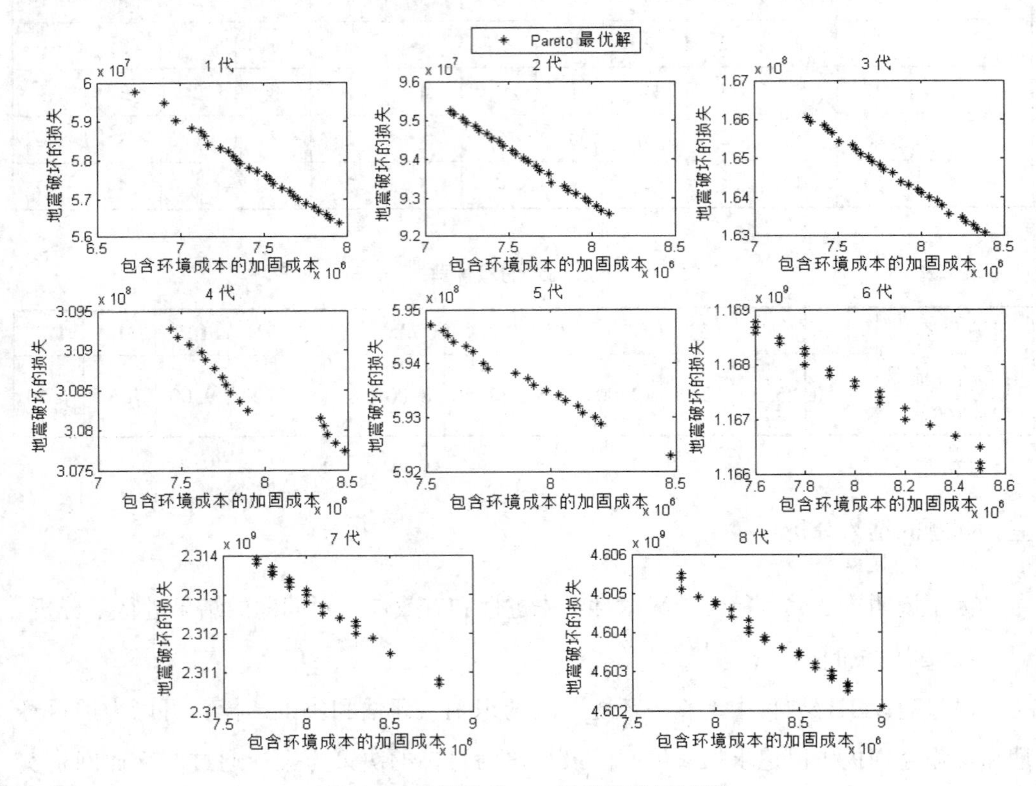

图 7.5　实例的 Pareto 最优解迭代过程

从图 7.5 中，可以看到问题实例在 8 次分解逼近中 Pareto 最优解的分布情况。由于多目标问题的解要比一般的单目标问题复杂，所以根据文献，选用了三个评价多目标问题 Pareto 最优解的指标：平均距离、分布和范围。表 7.10 给出了在程序运行 10 次后，Pareto 最优解在各项评价指标上的平均值。

表 7.10　　Pareto 最优解的评价指标

分解代数	解的个数	平均距离	分布	范围	收敛条件（ϖ）
1	27	0.081 2	0.562 3	5.008 8	—
2	26	0.063 0	0.461 5	5.770 6	代 1-2：0.561 0
3	24	0.136 4	0.860 0	6.859 4	代 2-3：0.676 5
4	22	0.122 3	0.525 0	6.314 7	代 3-4：0.763 2
5	26	0.150 2	0.682 0	6.753 8	代 4-5：0.875 0
6	24	0.283 5	0.960 0	6.641 7	代 5-6：0.857 1
7	19	0.097 3	0.528 9	5.445 1	代 6-7：0.571 2
8	25	0.130 0	0.863 5	6.642 4	代 7-8：0.914 3

3. 管理举措实施

面对地震可能造成的破坏，对于溪洛渡水电站交通网络设施的加固是非常必要的，同时建设施工又可能会给环境造成影响。在这些风险的威胁下，通过对其地震和环境风险的识别、评估和控制建模，以风险损失偏好值最小化为准则，可以得到交通网络设施加固和流量安排的决策方案。据此可以提出风险损失控制的具体措施以指导项目的实际实施。由于本书的讨论是基于对风险主要不确定性因素的估计，所以，这是在项目实施前，也就是说在风险事件可能出现前，事先采取相应的办法来减缓风险、降低损失的方法。这是属于风险损失控制中的损前预防手段。根据项目实例的决策结果，可以给出如下的实施和管理建议：

（1）项目经理根据需要和偏好选择 Pareto 最优解集中的交通网络设施加固方案。如果他觉得成本更为重要，就选择成本最小的方案，反之则选择损失最小的方案。

（2）运输经理确定流量控制的方案，并明确相应的地震破坏损失值。

（3）将决定的交通网络设施加固和流量控制方案规范化，形成实施计划，组织专门的计划人员来负责计划的执行。

（4）由计划人员、项目经理、运输经理共同协商制定有关的管理制度，使计划的执行制度化。

（5）根据执行时间、执行部门和执行人员将计划进行细分，做到工作细分并落实到人头。

（6）组织相关人员进行计划实施的教育，明确工作任务和风险损失预防的重要性。

（7）定期进行计划实施的检查，监督实施的过程，及时发现问题，及时控制和补救。

（8）由于加固的实施需要增加建设工程项目的工程量，因此项目经理必须落实经费和人员，以保证相关工作的正常开展，协调加固与主建工程的关系，不得影响主工程的进度。

（9）除了按照计划执行加固施工，合理控制环境成本外，根据对环境成本的作业成本分析，明确各产出（永久和临时通路的加固）以及各作业中产生的成本，有针对性地控制损失。

以上是根据风险损失预防的方法，基于问题实例的决策结果，分别从人类行为和规章制度的角度出发，提出的针对建设工程项目地震和环境风险进行损失控制的管理建议和实施措施。管理和实施的重点在于将可行的决策方案转化为可具体操作的实施计划，并且从制度、人员、教育等方面全面推进计划的执行，其中的关键在于计划的落实与监控。

第八章　某震后重建房地产项目风险损失控制——综合方法

[震后重建房地产项目开发的最终目的在于通过建设、运营或销售获利，包括社会及经济效益，能否激发客户的消费欲望以及维系良好的客户关系至关重要。现实中，客户的流动性必然带来可能的风险损失。]

——客户随机流失机制亟需综合风控方法的应用

第一节　项目问题概述

震后重建房地产项目既考虑追求公共效益，又同时追求经济利益，这就需要从客户和公司角度来求得收益的最大化。由于特殊的地理特点和地域性，客户的流失也是不容忽视的，并且在一定程度上还需考虑随机的流动性。

20 世纪 90 年代以来出现的客户关系管理（Customer Relationship Management，CRM）已成为营销学术界和企业界研究的持续热点，掀起了一个又一个的学术热潮。这方面的研究成果及应用层出不穷，已扩展延伸到诸如建设项目运营中。迄今为止，客户关系管理的研究共有三个不同的研究侧面：以客户感知价值为核心、以客户价值为核心、以客户感知价值和客户价值全寿命周期互为核心（这里称作客户价值交互研究）。以客户感知价值为核心的 CRM 研究成果颇丰，如何理解和迎合客户需求是这一领域研究的重点。以客户价值为核心的 CRM 也取得了进展，客户全生命周期价值（CLV）的计算是此研究的核心。以客户价值交互为核心的动态客户关系管理（DCRM）研究最为缺乏，目前的研究主要是针对直邮行业，客户及公司的双赢是研究的核心。当然，在当下公司广泛考虑发展客户关系的前提形式下，有效的客户关系管理是实现这一前提的有效技术和方法，特别是房地产开发项目（尤其有着特殊意义的震后重建项目）值得在这方面进行深入研究和探讨。

这其中，关键的问题是对流失客户的挽救成本，也称为流失客户挽救成本。它是指为了挽救流失客户而发生的挽救费用，包括购买礼品费用、沟通费、人工费等。作为一项市场行为，挽救客户需要理性。因为有些挽救可能会成功，有些则不一定会成功；有些挽救是有价值的，有些则没有价值。

而另一关键问题是，带有挽救成本的动态客户关系管理，指通过动态客户关系管理，获取客户，识别有价值的客户并通过客户的交易数据对其实施相应的营销组合策略来维持客户，最终达到公司（房地产公司）与客户利益都最大化的过程，是以客户价值交互研究（客户感知价值和客户全生命周期价值）为讨论的核心。在考虑客户价值交互研究（客户感知价值和客户全生命周期价值）为首要指标的基础上，以挽救成本要小于因挽救而增加的客户带给公司的收益为决策准则来确定挽救成本的上限。客户全生命周期价值是衡量客户价值的首要指标，已被用于多种场合，但考虑要确定挽救成本的则较少。而综合考虑客户交互价值研究和挽救成本的就更加鲜见。一旦被确认为要挽救的客户，接下来就要确定挽救成本的上限。因为，为挽救流失客户所花费的成本将直接减少该客户所带给公司的收益，因此应尽量减少挽救成本。

在此基础上，本章综合已有的关于动态客户关系管理和流失客户挽救成本的研究成果，提出了适用于震后重建的房地产开发项目。研究带有挽救成本的动态客户关系管理，并且应用随机博弈及动态规划的相关理论进行讨论，从而建立针对带有挽救成本的动态客户关系管理的两阶段模型，并且针对模型的求解，提出了基于遗传算法（GA）的综合算法。

第二节　风险损失控制模型建立

一、动态客户关系管理模型

1. 模型描述

动态客户关系管理的内涵：所谓“动态”，是指公司与客户在决策时不但应考虑当期的利益，还必须考虑当期决策对未来的影响，反映出公司与客户“向前看的”的动态特性。对动态客户关系管理建模时，要兼顾公司及客户双方的利益，以达到“双赢”的目的，而不只是考虑客户或公司单方面的利益。这样，可以比照文献中对直接邮寄行业类似问题的处理，将 DCRM 问题转化成公司与客户之间的随机博弈问题。在每一个时期公司给每个状态的客户选择营销组合策略（定价、沟通、促销等），而客户在一个给定的时期决定是否购买，于是就建立了一个多阶段重复博弈的框架，如图 8.1 所示。

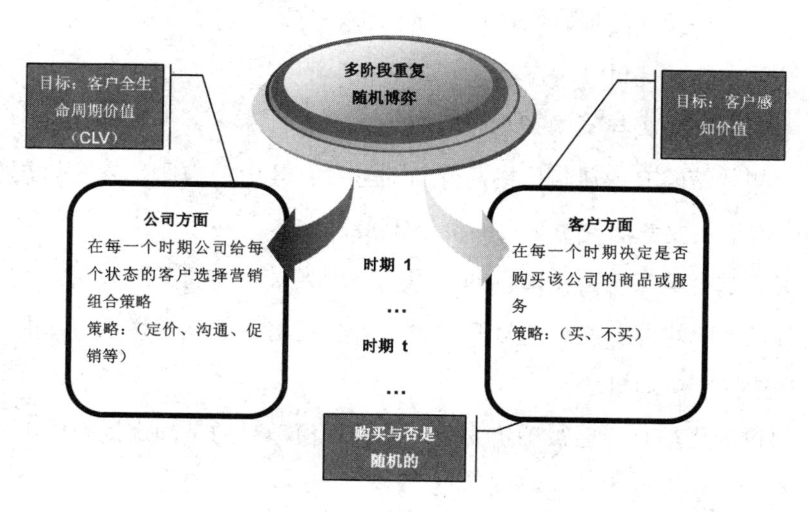

图 8.1　模型框架

正如图 8.1 所示，客户的决策受公司营销活动的影响，其状态在每个阶段之间进行转移。从公司的角度来说，客户的决策，也就是系统的转移概率是一个随机变量。

随机博弈在 DCRM 中的应用：通过以上的分析，DCRM 转变成在多阶段重复随机博弈的框架下，如何建立公司与客户的行为模型（以实现各自的目标），及如何对所建立的模型进行求解的问题。在项目问题中，公司和客户作为博弈的参与者，进行一个具有状态概率转移的博弈过程。这个过程由多个博弈阶段组成，在每一个阶段的开始，博弈均处在某个特定状态。参与者选择自身的策略并获得由当前状态和策略决定的报酬。然后博弈按照概率的分布和参与者策略随机转移到下一个阶段。在新的状态阶段，重复上一次的策略选择过程，然后博弈继续进行。参与者在随机博弈中获得的全部报酬用各个阶段报酬的贴现值来计算。

带挽救成本的 DCRM：计算挽救情况下客户的 CLV 期望值 E(V)。它是挽救成功时该客户的 CLV 与挽救不成功时该客户的 CLV 的数学期望值。然后再计算不挽救情况下客户的 CLV，再比较两个价值的差额。这一价值的增加是由于挽救行动带来的。挽救行动本身付出了成本，这个成本不应该超过因挽救而增加的价值。

2. 模型建立

模型目标是使客户和公司“双赢”。模型假设条件如下：

（1）客户与公司之间拥有的信息是完全的。

（2）公司向客户提供一种产品。

（3）客户具有购买与不购买两种策略。

（4）公司的策略有沟通与价格两方面的考量，其中，沟通具有发信与没有发信两种策略，价格主要考虑给予客户的价格折扣。

（5）客户选择购买与否是随机的。当选择购买时，其购买总效用（当期效用与当期行为对未来的效用之和）应大于不购买的总效用，也就是说这个事件发生的概率即为客户选择购买的概率。

（6）讨论的当前客户已被确定为需要挽救，模型目的是确定挽救成本的上限。

（7）挽救在一周期内即能得到结果。

（8）客户每次只购买一件产品。

（9）进行购买时，客户不存在量的选择，只存在购买与否的选择。

随机博弈的状态及转移：本章的模型建立在多阶段重复随机博弈的框架下，对于随机博弈而言，最重要的即为确定博弈各阶段的状态及状态间的转移。

设定$S_{it}=(r_{it}, f_{it})$作为衡量每个阶段状态的状态变量，其中我们的讨论均为第t期，第i个客户。对状态变量$S_{it}=(r_{it}, f_{it})$而言，其中r_{it}和f_{it}是描述客户状态的变量，分别表示客户的流失时间和连续购买次数。d_{it}是客户的策略，表示购买与否。r_{it}和f_{it}的定义如公式（8-1）所示：

$$r_{i,\ t+1}=\begin{cases}1 & \text{if } d_{it}=1,\\ r_{it}+1 & \text{if } d_{it}=0.\end{cases}\qquad f_{i,\ t+1}=\begin{cases}f_{it}+1 & \text{if } d_{it}=1,\\ 1 & \text{if } d_{it}=0.\end{cases}\tag{8-1}$$

f_{it}变化的含义如图8.2所示。当购买与不购买时，r_{it}和f_{it}分别根据公式（8-1）产生变r_{it}化。

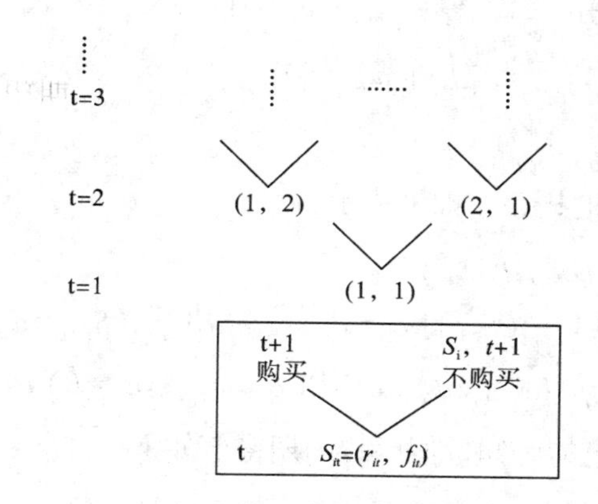

图8.2　状态变量的变化

客户行为模型：客户行为的目标为客户感知价值。可以根据客户的交易数据利用消费者的效用理论来对其消费状态进行描述，并采用适当的方法对各种参数进行确定，得出不同状态空间及不同的营销组合策略下客户购买与否的概率。由于DCRM是一种动态特性非常明显的管理过程，在本模型中，动态规划作为解决随机动态最优化问题的有效方法于DCRM中使用。在模型建立中，参数为待确定的。

为衡量客户感知价值，首先给出客户的购买效用函数模型：

$$u_{it}=\alpha+\beta_m m_{it}+\beta_p p_{it}+\beta_{1r} r_{it}+\beta_{2r} r_{it}^2+\beta_f \ln\ (f_{it}+1)\ +\varepsilon_{it}=\bar{u}_{it}+\varepsilon_{it}\tag{8-2}$$

其中，m_{it}和p_{it}为公司的营销策略。m_{it}表示公司对客户的沟通策略（发信与否），定义如下：

$$m_{it}=\begin{cases}1 & \text{如果 } t \text{ 时刻给客户 } i \text{ 发信}\\ 0 & \text{否则}\end{cases}\tag{8-3}$$

p_{it} 为公司的价格策略，即在第 t 期给第 i 个客户提供的价格 P_{it} 与原价 P_0 相比的变化率。定义如下：

$$p_{it} = \frac{P_{it} - P_0}{P_0} \tag{8-4}$$

ε_{it} 为随机误差项，服从标准正态分布。α 和 β 为一系列相关项的系数，需利用在局部最优中寻找整体最优的算法来确定。

衡量客户感知价值，应考虑客户当期行为对未来的效用之和，即可以从动态规划的角度来思考。所以第 t 期，第 i 个客户的感知价值函数定义为：

$$V_{it}(s_{it}) = \begin{cases} \bar{u}_{it} + \delta_c EV_{i,\ t+1}(s_{i,\ t+1} \mid d_{it} = 1) + \varepsilon_{it}, & \text{如果 } d_{it} = 1, \\ \delta_c EV_{i,\ t+1}(s_{i,\ t+1} \mid d_{it} = 0), & \text{如果 } d_{it} = 0. \end{cases} \tag{8-5}$$

其中，δc 为贴现因子。

客户购买公司产品的概率，如下所示：

$$\begin{aligned} & Prob_{it}(d_{it}=1 \mid S_{it}, m_{it}, p_{it}) \\ & = Prob_{it}(\bar{u}_{it}+\delta_c EV_{i,t+1}(S_{i,t+1} \mid d_{it}=1)+\varepsilon_{it} > \delta_f EV_{i,t+1}(S_{i,t+1} \mid d_{it}=0)) \\ & = \phi[\bar{u}_{it}+\delta_c(EV_{i,t+1}(S_{i,t+1} \mid d_{it}=1)-EV_{i,t+1}(S_{i,t+1} \mid d_{it}=0))] \end{aligned} \tag{8-6}$$

第 t 期，第 i 个客户的感知价值函数的期望值如下：

$$\begin{aligned} EV_{it}(s_{it}) = & Prob_{it}(d_{it}=1 \mid S_{it}, m_{it}, p_{it}) \times [\bar{u}_{it}+\delta_c EV_{i,t+1}(S_{i,t+1} \mid d_{it}=1)] \\ & + Prob_{it}(d_{it}=0 \mid S_{it}, m_{it}, p_{it}) \times \delta_c EV_{i,t+1}(S_{i,t+1} \mid d_{it}=0) \\ & + \phi[\delta_c(EV_{i,t+1}(S_{i,t+1} \mid d_{it}=0)-EV_{i,t+1}(S_{i,t+1} \mid d_{it}=1))-\bar{u}_{it}] \end{aligned} \tag{8-7}$$

公司行为模型：公司行为的目标为客户的全生命周期价值。由于 DCRM 是一种动态特性非常明显的管理过程，在本模型中，动态规划作为解决随机动态最优化问题的有效方法在于 DCRM 中使用。

第 i 个客户，第 t 期的购买决策为公司带来的当期利润为：

$$\pi_{it}(s_{it}, m_{it}, p_{it}) = R(p_{it}) \times Prob_{it}(d_{it}=1 \mid S_{it}, m_{it}, p_{it}) - c \times m_{it} \tag{8-8}$$

其中，c 是发信成本，$R(p_{it})$ 表示公司在采用 p_{it} 价格策略时可获得的利润，定义如公式（8-9）所示，R_0 为采用原价时相对于成本的毛利率，$r_0 = \frac{P_0 - C}{P_0}$，$p_{it} = \frac{P_{it} - P_0}{P_0}$。

$$R(p_{it}) = P_{it} - C = P_0 \times (p_{it} + r_0) \tag{8-9}$$

于是，从动态的角度来看，第 i 个客户从第 t 期开始为公司创造最大利润为：

$$\begin{aligned} CLV_{it}(s_{it}) = \max_{m_{it},p_{it}} \{ \pi_{it}(s_{it}, m_{it}, p_{it}) \} \\ + \delta_f [Prob_{it}(d_{it} = 1 \mid S_{it}, m_{it}, p_{it}) CLV_{i,t+1}(S_{i,t+1} \mid d_{it} = 1)] \\ + Prob_{it}(d_{it} = 0 \mid S_{it}, m_{it}, p_{it}) CLV_{i,t+1}(S_{i,t+1} \mid d_{it} = 0) \end{aligned} \tag{8-10}$$

其中，δ_f 是公司的贴现因子。

二、关于均衡的讨论

1. 存在性

博弈论的理论指出，在参与者的数量有限并且每个博弈阶段可能的状态数量有限的有限博弈阶段的随机博弈存在马尔科夫完美纳什均衡。

本书的博弈中，参与者只有企业和公司，且在有限博弈阶段中，每个博弈阶段可能的状态是可以穷尽的，即状态数量是有限的。因此，本书中的随机博弈存在马尔科夫完美纳什均衡。

2. 唯一性

由文献证明可知，客户的感知价值函数和公司 CLV 函数均存在唯一的最优解。也就是说，马尔科夫完美纳什均衡是唯一的。

至此，我们先建立起第一阶段的模型（即动态客户关系管理模型）。在这个阶段，我们最终可以得到从客户方面思考的最优收益（即为最优的客户感知价值）和从公司方面思考的最优收益（即为最优的公司 CLV），并且以这个最优的公司 CLV 作为基础，进入第二阶段的讨论，建立挽救成本上限模型（即两阶段模型中的第二阶段模型），同时我们还可以得到最优情况下的公司营销策略组合。

三、挽救成本上限模型讨论

作为一项市场行为，挽救客户需要理性。因为，有些挽救可能会成功，有些则不一定会成功；有些挽救是有价值的，有些则没有价值。客户流失挽救模型反映了整个挽救的流程，如图 8.3 所示。

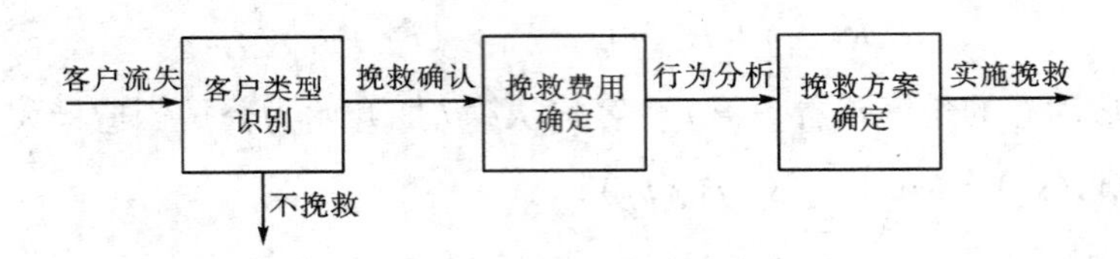

图 8.3　客户流失挽救模型

挽救成本上限计算过程：根据假设，讨论的当前客户已被确定为需要挽救的，接下来就要确定挽救成本的上限。挽救成本上限计算流程如图 8.4 所示。

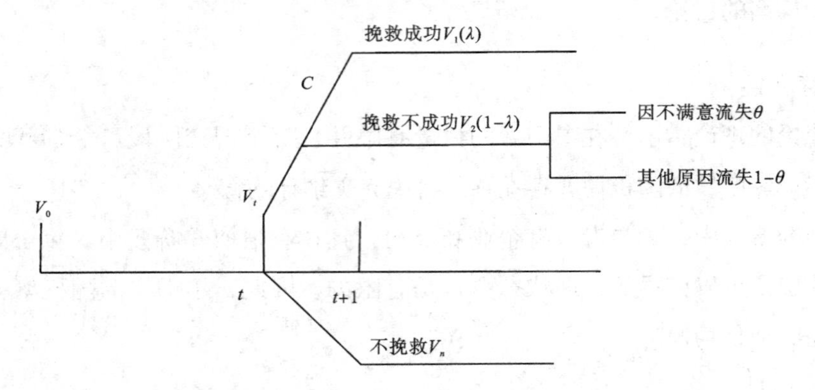

图 8.4　挽救成本上限计算流程

根据上图所示，可以按以下步骤来计算挽救成本的上限。

第一步：计算挽救情况下客户 CLV 的数学期望值 $E(V)$。

首先计算挽救成功时客户的 CLV 值 V_1：

$$V_1 = V_0 - \frac{C}{(1+i)^{t+1}} \tag{8-11}$$

其中，V_0 表示进入两阶段模型第二阶段时，客户 CLV 的初值，即为在第一阶段模型中所得到的最优 CLV 值。

再计算挽救不成功时客户的 CLV 值 V_2：

$$\begin{aligned} V_2 &= \left(V_t - \frac{C}{(1+i)^{t+1}}\right) \times (1-\theta) + \left(V_t - \frac{C}{(1+i)^{t+1}} - r_2 V_0\right) \times \theta \\ &= (\theta \times r_2 - \varphi(t)) \times V_0 - \frac{C}{(1+i)^{t+1}} \end{aligned} \tag{8-12}$$

其中，r_2 为波及成本系统，表明如果顾客挽救不成功是因为不满意时带给其他顾客的影响，而这个影响是带来 V_0 的 r_2 倍损失。

最后计算挽救情况下客户 CLV 值的数学期望值 $E(V)$：

$$E(V) = V_1\lambda + V_2(1-\lambda) = [\lambda - (r_2\theta - \varphi(t))(1-\lambda)]V_0 - \frac{C}{(1+i)^{t+1}} \tag{8-13}$$

第二步：计算不挽救情况下流失客户的 CLV 值为：

$$V_n = -(r_2\theta - \varphi(t))V_0 \tag{8-14}$$

第三步：确定挽救成本的上限。挽救成为必要的条件就是因为挽救带来了客户 CLV 值的增加，所以有 $E(V) - V_n > 0$。考虑到这只是一个最低的限制，而所付出的实际成本应该小于这个差值，即有 $C < E(V) - V_n$，有挽救成本的上限表达式如下：

$$C < \frac{1}{2}[(1-\varphi(t)) + \gamma\theta_2]\lambda V_0(1+i)^{i+1} \tag{8-15}$$

由此，第二阶段的模型也就建立了。在第一阶段结果的基础上，根据公式（8-15），我们就能确定流失客户挽救成本的上限 C。

第三节　求解算法及实现

一、算法实现

为适应本书所建立的两阶段模型，提出基于 GA 的综合算法。它通过 GA 算法确定出客户关系管理模型中的待确定参数，再通过设定的收敛标准，从整个的随机博弈和动态规划求解思路当中得出最优客户感知价值和最优 CLV 值及相对应的最优营销策略组合。算法的思路如下：

第一步，通过观察到的客户购买数据作为动态最优化问题的解来进行参数评估，解决消费者效用模型中多参数的评估问题，以确定模型参数，进而求出客户的购买概率；

第二步，结合 DCRM 的动态特性及客户与公司之间的随机博弈过程，采用随机博弈的求解办法；

第三步，给出基于 GA 的综合算法，解决此复杂过程的求解问题。最终求解目标包括最优的客户感知价值、公司 CLV 值及最优营销组合策略。

算法的具体过程如附录程序 8.1 所示。

二、结论

本章中所讨论的带有挽救成本的动态客户关系管理，是一种首先同时考虑房地产公司及客户利益以制订最优营销组合策略，然后考虑为防止客户流失所付出挽救成本上限的方法。该问题来源于客户关系管理的实践，设计的算法可以方便公司设计有效可行的管理软件，减轻管理人员不必要的负担，使管理更加具有可行性。该方法的原理及技术也可以用于诸多行业，尤其是在震后重建房地产项目中，在很多企业都在想方设法保持客户的情况下，为企业保持住有价值的客户提供了一种切实可行的方法。

附录一：表格

附表 1.1a **建设工程项目随机工序执行时间**

序号	工序	执行模式	执行时间（单位：天）	偏度系统 | | < 1	峰度系统 | | < 1	K-S 检验[a]	均值点估计	标准差点估计	均值假设检验[b]	标准差假设检验[c]
#1	土方开挖	1	N(6, 9)	0.122	−0.124	0.687	6.27	8.616	0.623	0.350 7
		2	N(10, 15)	−0.010	−0.306	0.910	10.30	15.183	0.676	0.553 2
#2	石方开挖	1	N(35, 16)	−0.464	0.479	0.282	34.57	15.909	0.556	0.526 3
		2	N(38, 24)	0.019	−0.784	0.628	37.60	23.697	0.656	0.635 4
		3	N(49, 5)	0.270	−0.098	0.878	49.43	5.375	0.314	0.638 0
#3	浇筑基础混凝土	1	N(23, 22)	0.120	0.947	0.653	23.40	22.317	0.646	0.556 5
		2	N(31, 14)	0.209	−0.541	0.964	30.53	14.326	0.505	0.569 7
		3	N(45, 17)	−0.117	0.195	0.981	44.80	16.924	0.792	0.528 2
#4	浇筑上部混凝土	1	N(20, 4)	−0.089	−0.152	0.815	19.57	4.323	0.263	0.650 5
		2	N(29, 43)	0.507	−0.087	0.829	29.43	42.875	0.720	0.530 5
#5	浇筑下部混凝土	1	N(40, 5)	−0.214	−0.839	0.235	39.93	4.685	0.867	0.437 6
		2	N(55, 8)	−0.428	−0.127	0.636	55.00	8.276	1.000	0.586 0
#6	安装机组、设备支架	1	N(5, 5)	−0.730	0.408	0.618	5.27	5.444	0.536	0.661 1
		2	N(9, 11)	0.200	−0.518	0.660	8.8	11.062	0.744	0.543 4
#7	土方回填	1	N(9, 7)	0.129	0.247	0.493	9.47	6.740	0.333	0.478 0
#8	帷幕灌浆	1	N(9, 7)	0.359	−0.705	0.754	9.37	6.519	0.438	0.428 0
		2	N(15, 8)	0.066	−0.771	0.939	15.43	18.461	0.585	0.573 1
#9	敷设管道	1	N(6, 4)	−0.178	0.919	0.720	6.03	4.171	0.929	0.598 0
		2	N(10, 4)	−0.185	0.294	0.472	9.73	3.857	0.463	0.480 3
#10	安装屋架	1	N(5, 8)	0.305	−0.383	0.693	4.73	8.271	0.615	0.585 2
		2	N(10, 10)	0.284	−0.022	0.621	10.03	9.826	0.954	0.508 5
		3	N(15, 4)	−0.348	0.184	0.884	14.83	3.799	0.643	0.457 5

a、b、c 置信水平为：0.05。

附录

附表 1.1b　　建设工程项目随机工序执行时间

序号	工序	执行模式	执行时间（单位：天）	偏度系统 | | < 1	峰度系统 | | < 1	K-S 检验[a]	均值点估计	标准差点估计	均值假设检验[b]	标准差假设检验[c]
#11	安装屋面板	1	N(6, 5)	0.509	-0.802	0.232	6.30	4.838	0.461	0.485 3
		2	N(12, 3)	-0.517	-0.051	0.239	12.43	3.357	0.205	0.699 8
		3	N(14, 20)	0.142	-0.356	0.859	14.03	19.620	0.967	0.505 9
#12	安装墙板	1	N(10, 7)	0.661	-0.168	0.617	9.70	7.114	0.543	0.559 3
		2	N(11, 4)	-0.185	0.362	0.351	11.47	3.637	0.191	0.349 2
		3	N(17, 3)	0.088	-0.425	0.472	16.63	2.930	0.250	0.499 3
#13	屋面施工	1	N(4, 1)	0.283	-0.410	0.193	3.87	1.085	0.489	0.656 2
		2	N(8, 4)	0.584	0.343	0.834	7.73	3.789	0.459	0.453 5
#14	电气安装	1	N(4, 3)	0.305	-0.789	0.201	4.53	2.602	0.124	0.329 8
		2	N(9, 3)	0.344	0.422	0.463	9.37	3.482	0.291	0.747 9
#15	安装机组	1	N(6, 3)	0.297	-0.536	0.493	5.93	3.237	0.841	0.648 1
		2	N(15, 5)	0.148	-0.393	0.759	15.3	4.562	0.448	0.399 2
		3	N(20, 3)	-0.159	-0.267	0.158	19.67	3.333	0.326	0.597 8
#16	安装设备	1	N(6, 2)	-0.648	0.406	0.175	5.73	2.409	0.354	0.793 3
		2	N(6, 2)	0.399	-0.836	0.594	9.40	6.539	0.401	0.674 2
		3	N(16, 7)	0.000	-0.173	0.660	16.00	6.690	1.000	0.466 8
		4	N(20, 9)	-0.443	-0.105	0.375	20.00	9.448	1.000	0.607 9
#17	地面施工	1	N(6, 3)	-0.464	-0.406	0.431	6.33	3.195	0.316	0.629 3
		2	N(10, 4)	-0.396	-0.625	0.387	9.53	4.120	0.218	0.579 3
#18	装修工程	1	N(8, 3)	0.353	-0.370	0.544	8.00	3.172	1.000	0.618 7
		2	N(11, 3)	0.484	-0.109	0.089	11.27	3.030	0.408	0.549 9

a、b、c 置信水平为：0.05。

附表 1.2　**模糊采购影响因素**

序号	材料	单位	购买价格变动	库存成本变动	运输成本变动
Ⅰ	水泥	t	(0.4,0.9,1.8)	(0.5,0.80,1.2)	(81,86,89)
Ⅱ	钢材	t	(0.4,1.1,1.9)	(0.45,0.79,0.95)	(202,227,254)
Ⅲ	油漆	L	(0.2,1.1,1.7)	(0.42,0.61,0.95)	(1.1,1.5,2.1)
Ⅳ	橡胶板	kg	(0.4,1.0,1.5)	(0.35,0.69,0.95)	(2.1,2.4,2.9)
Ⅴ	木材	m^3	(0.3,1.0,1.5)	(0.45,0.59,0.88)	(1.1,1.3,2.1)
Ⅵ	砂石料	t	(0.4,1.1,1.7)	(0.12,0.53,0.66)	(17,21,25)
Ⅶ	其他材料	m^3	(0.3,0.8,1.5)	(0.11,0.51,0.9)	(0.2,0.6,0.9)

附表 1.3a　**交通网络的模糊随机地震破坏**

通路	节点	模糊随机地震破坏
1	#1, #2	$\tilde{\tilde{\xi}}_1=\begin{cases}(0,1,2)\ \text{对应的概率 } 13.7\%\\(1,2,3)\ \text{对应的概率 } 18.9\%\\(2,3,4)\ \text{对应的概率 } 25.8\%\\(3,4,5)\ \text{对应的概率 } 16.9\%\\(5,6,7)\ \text{对应的概率 } 24.7\%\end{cases}$
2	#2, #3	$\tilde{\tilde{\xi}}_2=\begin{cases}(0,1,2)\ \text{对应的概率 } 7.8\%\\(1,2,3)\ \text{对应的概率 } 15.2\%\\(2,3,4)\ \text{对应的概率 } 23.4\%\\(3,4,5)\ \text{对应的概率 } 29.5\%\\(5,6,7)\ \text{对应的概率 } 24.1\%\end{cases}$
3	#1, #5	$\begin{cases}\tilde{\tilde{\xi}}_3\\\tilde{\tilde{\xi}}_4\\\tilde{\tilde{\xi}}_5\\\tilde{\tilde{\xi}}_6\\\tilde{\tilde{\xi}}_7\\\tilde{\tilde{\xi}}_8\\\tilde{\tilde{\xi}}_9\\\tilde{\tilde{\xi}}_{10}\\\tilde{\tilde{\xi}}_{11}\end{cases}=\begin{cases}(0,1,2)\ \text{对应的概率 } 11.5\%\\(1,2,3)\ \text{对应的概率 } 8.9\%\\(2,3,4)\ \text{对应的概率 } 32.8\%\\(3,4,5)\ \text{对应的概率 } 27.4\%\\(5,6,7)\ \text{对应的概率 } 19.4\%\end{cases}$
4	#2, #5	
5	#2, #6	
6	#3, #4	
7	#4, #6	
8	#6, #7	
9	#5, #7	
10	#6, #8	
11	#7, #19	
12	#19, #20	$\tilde{\tilde{\xi}}_{12}=\begin{cases}(0,1,2)\ \text{对应的概率 } 8.6\%\\(1,2,3)\ \text{对应的概率 } 20.3\%\\(2,3,4)\ \text{对应的概率 } 28.6\%\\(3,4,5)\ \text{对应的概率 } 21.5\%\\(5,6,7)\ \text{对应的概率 } 21.1\%\end{cases}$
13	#10, #11	$\tilde{\tilde{\xi}}_{13}=\begin{cases}(0,1,2)\ \text{对应的概率 } 6.5\%\\(1,2,3)\ \text{对应的概率 } 17.2\%\\(2,3,4)\ \text{对应的概率 } 13.7\%\\(3,4,5)\ \text{对应的概率 } 27.2\%\\(5,6,7)\ \text{对应的概率 } 35.4\%\end{cases}$

附表 1.3b　　交通网络的模糊随机地震破坏

通路	节点	模糊随机地震破坏
14	#1，#5	$\left.\begin{matrix}\tilde{\tilde{\xi}}_{14}\\ \tilde{\tilde{\xi}}_{15}\\ \tilde{\tilde{\xi}}_{16}\\ \tilde{\tilde{\xi}}_{17}\\ \tilde{\tilde{\xi}}_{18}\\ \tilde{\tilde{\xi}}_{19}\\ \tilde{\tilde{\xi}}_{20}\\ \tilde{\tilde{\xi}}_{21}\\ \tilde{\tilde{\xi}}_{23}\\ \tilde{\tilde{\xi}}_{25}\end{matrix}\right\} = \begin{cases}(0,1,2)\ \text{对应的概率}\ 12.8\% \\ (1,2,3)\ \text{对应的概率}\ 20.3\% \\ (2,3,4)\ \text{对应的概率}\ 16.5\% \\ (3,4,5)\ \text{对应的概率}\ 31.2\% \\ (5,6,7)\ \text{对应的概率}\ 19.2\%\end{cases}$
15	#12，#14	
16	#14，#16	
17	#9，#14	
18	#11，#13	
19	#13，#16	
20	#10，#13	
21	#15，#16	
23	#16，#17	
25	#18，#20	
22	#8，#15	$\tilde{\tilde{\xi}}_{22} = \begin{cases}(0,1,2)\ \text{对应的概率}\ 7.4\% \\ (1,2,3)\ \text{对应的概率}\ 19.4\% \\ (2,3,4)\ \text{对应的概率}\ 21.6\% \\ (3,4,5)\ \text{对应的概率}\ 23.8\% \\ (5,6,7)\ \text{对应的概率}\ 27.8\%\end{cases}$
24	#17，#18	$\tilde{\tilde{\xi}}_{24} = \begin{cases}(0,1,2)\ \text{对应的概率}\ 23.2\% \\ (1,2,3)\ \text{对应的概率}\ 9.1\% \\ (2,3,4)\ \text{对应的概率}\ 20.8\% \\ (3,4,5)\ \text{对应的概率}\ 21.6\% \\ (5,6,7)\ \text{对应的概率}\ 25.3\%\end{cases}$
26	#20，#21	$\left.\begin{matrix}\tilde{\tilde{\xi}}_{26}\\ \tilde{\tilde{\xi}}_{27}\\ \tilde{\tilde{\xi}}_{29}\end{matrix}\right\} = \begin{cases}(0,1,2)\ \text{对应的概率}\ 16.6\% \\ (1,2,3)\ \text{对应的概率}\ 23.2\% \\ (2,3,4)\ \text{对应的概率}\ 7.9\% \\ (3,4,5)\ \text{对应的概率}\ 30.1\% \\ (5,6,7)\ \text{对应的概率}\ 22.2\%\end{cases}$
27	#21，#22	
29	#23，#24	
28	#22，#23	$\tilde{\tilde{\xi}}_{28} = \begin{cases}(0,1,2)\ \text{对应的概率}\ 14.7\% \\ (1,2,3)\ \text{对应的概率}\ 21.3\% \\ (2,3,4)\ \text{对应的概率}\ 10.8\% \\ (3,4,5)\ \text{对应的概率}\ 28.1\% \\ (5,6,7)\ \text{对应的概率}\ 25.1\%\end{cases}$

附表 1.4　　模糊随机环境破坏

模糊随机环境破坏	对应的破坏等级
$\tilde{\tilde{\xi}} =$ (0,1,2) 对应的概率 56.9%	Ⅰ
(1,2,3) 对应的概率 22.6%	Ⅱ
(2,3,4) 对应的概率 9.2%	Ⅲ
(3,4,5) 对应的概率 8.2%	Ⅳ
(5,6,7) 对应的概率 3.1%	Ⅴ

附表 6. 1a　　资源消耗量

工序序号	工序模式	不可更新资源（全部工期的消耗）												可更新资源（单位时间的消耗）						
		Ⅰ	Ⅱ	Ⅲ	Ⅳ	Ⅴ	Ⅵ	Ⅶ	Ⅷ	Ⅸ	Ⅹ	Ⅺ	Ⅻ	Ⅰ	Ⅱ	Ⅲ	Ⅳ	Ⅴ	Ⅵ	Ⅶ
#1	1	736	226	153	123	0	76	0	0	0	0	2. 22	0	0	0	0	0	0	0	0
	2	623	185	118	96	0	51	0	0	0	0	1. 04	0	0	0	0	0	0	0	0
#2	1	1 765	950	0	0	872	367	0	0	0	0	1. 33	0	0	0	0	0	0	0	0
	2	1 630	835	0	0	643	239	0	0	0	0	0. 99	0	0	0	0	0	0	0	0
	3	1 276	632	0	0	550	150	0	0	0	0	0. 61	0	0	0	0	0	0	0	0
#3	1	1 356	203	0	0	0	132	256	0	0	37. 53	3. 45	0	1. 62	1. 82	0	0	0	14. 38	0
	2	1 125	184	0	0	0	96	231	0	0	35. 15	2. 49	0	1. 43	1. 61	0	0	0	12. 57	0
	3	984	144	0	0	0	68	198	0	0	33. 75	1. 33	0	1. 05	1. 36	0	0	0	9. 35	0
#4	1	1 274	186	0	0	0	166	261	0	0	28. 91	4. 48	0	1. 57	1. 78	0	0	0	14. 43	0
	2	1 056	163	0	0	0	132	235	0	0	26. 12	2. 58	0	1. 24	1. 68	0	0	0	11. 06	0
#5	1	2 019	385	0	0	0	302	396	0	0	86. 13	3. 95	0	2. 31	2. 67	0	0	0	20. 59	0
	2	1 586	253	0	0	0	211	352	0	0	70. 12	2. 17	0	2. 04	2. 54	0	0	0	18. 61	0
#6	1	2 019	385	0	0	0	302	396	0	0	86. 13	3. 95	0	1. 31	1. 57	0	0	0	20. 59	0
	2	1 586	253	0	0	0	211	352	0	0	70. 12	2. 17	0	1. 04	1. 25	0	0	0	18. 61	0
#7	1	256	168	0	53	0	0	0	0	0	0	0. 65	0	0	0	0	0	0	0	4. 51
#8	1	186	0	0	0	0	0	96	0	0	15. 22	2. 82	0	0. 81	0	0	0	0	7. 42	0
	2	166	0	0	0	0	0	82	0	0	12. 41	1. 65	0	0. 62	0	0	0	0	5. 98	0
#9	1	165	23	0	0	0	0	0	86	286	0	0. 06	0	0	1. 18	0	0	0	0	0
	2	132	19	0	0	0	0	0	62	221	0	0. 03	0	0	0. 79	0	0	0	0	0
#10	1	150	0	0	0	0	23	0	100	321	0	0. 71	96	0	0. 54	0	0	0	0	0
	2	101	0	0	0	0	16	0	63	231	0	0. 27	75	0	0. 33	0	0	0	0	0
	3	86	0	0	0	0	10	0	35	164	0	0. 08	32	0	0. 21	0	0	0	0	0

附表 6.1b　　　　资源消耗量

工序序号	工序模式	不可更新资源（全部工期的消耗）												可更新资源（单位时间的消耗）						
		Ⅰ	Ⅱ	Ⅲ	Ⅳ	Ⅴ	Ⅵ	Ⅶ	Ⅷ	Ⅸ	Ⅹ	Ⅺ	Ⅻ	Ⅰ	Ⅱ	Ⅲ	Ⅳ	Ⅴ	Ⅵ	Ⅶ
#11	1	102	0	0	0	0	0	0	0	0	0	0.41	65	0	0	0	164	12	0	0
	2	85	0	0	0	0	0	0	0	0	0	0.15	33	0	0	0	86	8	0	0
	3	42	0	0	0	0	0	0	0	0	0	0.05	18	0	0	0	42	6	0	0
#12	1	186	0	0	0	0	0	0	0	0	0	0.14	36	0	0	0	8	201	0	0
	2	162	0	0	0	0	0	0	0	0	0	0.07	21	0	0	0	5	188	0	0
	3	132	0	0	0	0	0	0	0	0	0	0.03	14	0	0	0	3	135	0	0
#13	1	86	0	0	0	0	0	0	0	0	0	0	0	0	0	297	0	0	0	0
	2	52	0	0	0	0	0	0	0	0	0	0	0	0	0	189	0	0	0	0
#14	1	45	0	0	0	0	0	0	0	0	0	0	0	0	0	0	0	0	0	0
	2	23	0	0	0	0	0	0	0	0	0	0	0	0	0	0	0	0	0	0
#15	1	185	156	0	0	0	86	0	0	0	0	1.00	0	0	0	0	0	0	0	0
	2	151	132	0	0	0	51	0	0	0	0	0.31	0	0	0	0	0	0	0	0
	3	121	100	0	0	0	32	0	0	0	0	0.17	0	0	0	0	0	0	0	0
#16	1	175	165	0	0	0	64	0	0	0	0	0.95	0	0	0	0	0	0	0	0
	2	132	141	0	0	0	35	0	0	0	0	0.44	0	0	0	0	0	0	0	0
	3	102	113	0	0	0	21	0	0	0	0	0.22	0	0	0	0	0	0	0	0
	4	96	104	0	0	0	12	0	0	0	0	0.15	0	0	0	0	0	0	0	0
#17	1	174	0	0	0	0	0	0	0	0	0	0	0	0	0	56	0	0	0	0
	2	142	0	0	0	0	0	0	0	0	0	0	0	0	0	11	0	0	0	0
#18	1	321	0	0	0	0	0	0	0	0	0	0	54	0	0	53	10	6	0	0
	2	278	0	0	0	0	0	0	0	0	0	0	24	0	0	27	5	3	0	0
数量限制		8 536	2 012	136	156	656	1 165	993	296	963	165	21.2	316	2	3	300	165	202	25	4.6

附表 6.2　　材料采购中的相关数据

材料序号	议定价格	折扣比率	期初库存	期末[d]库存	惩罚价格	惩罚成本限制	最小购买量	最大购买量	最大库存	库存价格
Ⅰ	334.7	0.85	55	≤75	100	50	70	75	75	40
Ⅱ	4 685	0.92	71	≤105	1 500	50	99	105	105	300
Ⅲ	27.6	0.97	0	≤9 000	15	50	1 200	9 000	9 000	40
Ⅳ	15.4	0.87	0	≤5 000	8	10	1 500	5 000	5 000	60
Ⅴ	550	0.89	2 800	≤6 000	250	50	2 500	6 000	6 000	50
Ⅵ	77	0.79	700	≤750	40	50	600	750	750	10
Ⅶ	25.5	0.9	40	≤135	12	10	130	135	135	5

d：期末库存不能超过最大库存限制。

附录二：定义、定理证明

定义 6.1

【定义 6.1-1】(Ω，A，Pr) 是一个概率空间。定义在 Ω 上的实值函数 ξ 是一个随机变量，如果满足如下：

$$\xi^{-1}(B)=\{\omega\in\Omega:\ \xi(\omega)\in B\}\in \mathrm{A},\quad \forall B\in \mathrm{B}$$

B 是 $R=(-\infty,\ +\infty)$ 中 Borel 集的 σ- 代数，也就是说随机变量 ξ 是从 (Ω，A，Pr) 到 (R，B) 的测度。应该注意到要求 $\xi^{-1}\in$ A 对所有的 R 中的区间 I，或者半封闭区间 $I=(a,\ b]$，或者所有区间 $I=(-\infty,\ b]$，等等。定义在 (R，B) 上的随机变量 ξ，它所包含的 B 上的测度 Pr_ξ 由下面的关系所定义：

$$\mathrm{Pr}_\xi(B)=Pr\{\xi^{-1}(B)\},\ B\in \mathrm{B}$$

Pr_ξ 是 B 上的概率测度，称为概率分布或者 ξ 的分布。

【定义 6.1-2】ξ 是概率空间 (Ω，A，Pr) 上的连续随机变量，ξ 的期望值定义如下：

$$E[\xi]=\int_0^{+\infty}\mathrm{Pr}\{\xi\geqslant r\}\,dr-\int_{-\infty}^{0}\mathrm{Pr}\{\xi\leqslant r\}\,dr$$

另有由密度函数定义的等价形式。

【定义 6.1-3】概率密度函数 $f(x)$ 的随机变量 ξ 的期望值定义如下：

$$E[\xi] = \int_{-\infty}^{+\infty} xf(x)\,dx$$

关于随机变量期望值的线性，有如下的引理：

【引理 6.1-1】对于有着有限期望值的两个随机变量 ξ 和 η，对于任意的数 a 和 b，如下：

$$E[a\xi + b\eta] = aE[\xi] + bE[\eta]$$

【引理 6.1-2】对两个独立分布的随机变量 ξ 和 η，如下：

$$E[\xi\eta] = E[\xi]\,E[\eta]$$

定义 6.2

【定义 6.2-1】模糊变量定义为从可能性空间（Θ，$P(\Theta)$，Pos）到实线 R 的函数。

【定义 6.2-2】ϑ 是可能性空间（Θ，$P(\Theta)$，Pos）上的模糊变量，ϑ 的期望值定义如下：

$$E^{Me}[\vartheta] = \int_0^{+\infty} Me\{\vartheta \geqslant r\}\,dr - \int_{-\infty}^{0} Me\{\vartheta \leqslant r\}\,dr$$

定理 7.1

【定理 7.1】$\tilde{\tilde{\xi}} = \begin{cases} (a_{1L}, a_{1C}, a_{1R}), p_1 \\ \vdots \\ (a_{iL}, a_{iC}, a_{iR}), p_i \\ \vdots \\ (a_{IL}, a_{IC}, a_{IR}), p_I \end{cases}$ 是模糊随机变量，有着离散随机分布，在上边界、中值、下边界参数上具有模糊性质的浮动。离散随机分布为 $P_{\psi}(x)$。δ 是任意给定的一个随机变量的概率水平，η 是任意给定的一个模糊变量的可能性水平，那么模糊随机变量可以转化为（δ,η）水平梯形模糊变量。

定理 7.1 的证明：

首先给出一些模糊随机变量基本概念。

【定义 A.1】给定一个论域 U。如果 $\tilde{A}$ 是 U 上的模糊集，那么对于 $x \in U$ 有下式：

$$\mu_{\tilde{A}}: U \to [0,1], x \to \mu_{\tilde{A}}(x)$$

$\mu_{\tilde{A}}$ 被称之为 x 对于 $\tilde{A}$ 的隶属度函数。$\mu_{\tilde{A}}$ 是用区间［0,1］中的值，来表示 U 中每个元素 x 属于 $\tilde{A}$ 的程度。这样的模糊集 $\tilde{A}$ 可以描述为：

$$\tilde{A} = \{(x,\ \mu_{\tilde{A}}(x)) \mid x \in U\}$$

【定义 A.2】有论域 U。$\tilde{A}$ 是定义在 U 上的模糊集。如果 α 是任意给定的一个可能性水平且 $0 \leqslant \alpha \leqslant 1$，那么 $\tilde{A}_{\alpha}$ 包含有模糊集 $\tilde{A}$ 中，所有隶属度值 $\geqslant \alpha$ 的元素，如下所示：

$$\tilde{A}_{\alpha} = \{x \in U \mid \mu_{\tilde{A}}(x) \geqslant \alpha\}$$

这时，$\tilde{A}_{\alpha}$ 被称之为模糊集 $\tilde{A}$ 的 α 水平截集。

【定义 A.3】有非空集 Θ，$P(\Theta)$ 是 Θ 的强集。对于每个 $A \subseteq P(\Theta)$，有非负数 $Pos\{A\}$ 称之为它的可能性。

1. $Pos(\varphi) = 0$ 和 $Pos(\Theta) = 1$。

2. 对 $P(\Theta)$ 中的任意积集的 $\{A_k\}$，有 $Pos(\cup_k A_k) = \sup_k Pos(A_k)$ 。

$(\Theta,\ P(\Theta),\ Pos)$ 称之为可能性空间，函数 Pos 为可能性测度。

【定义 A.4】模糊变量定义为一个从可能性空间 $(\Theta,\ P(\Theta),\ Pos)$ 到实数 $\mathbb{R}$ 的函数。

【定义 A.5】在给定的概率空间 $(\Omega,\ A,\ Pr)$ 中，如果对所有的 $\alpha \in [0,1]$ 和 $\omega \in \Omega$ 有下面所述：

实值映射 $\inf \tilde{\tilde{\xi}}_{\alpha}: \Omega \to \mathbb{R}$ 满足 $\inf \tilde{\tilde{\xi}}_{\alpha}(\omega) = \inf(\tilde{\tilde{\xi}}(\omega))_{\alpha}$，同时 $\sup \tilde{\tilde{\xi}}_{\alpha}: \Omega \to \mathbb{R}$ 满足 $\sup \tilde{\tilde{\xi}}_{\alpha}(\omega) = \sup(\tilde{\tilde{\xi}}(\omega))_{\alpha}$，是实值随机变量。那么映射 $\tilde{\tilde{\xi}}: \Omega \to F_c(\mathbb{R})$ 称为模糊随机变量。

在上面的定义中，$\mathbb{R}$ 是实数集，$F_c(\mathbb{R})$ 是所有模糊变量的集合，Ω 是一个非空积集，A 是 Ω 的子集，Pr 是概率测度且 $Pr: A \to [0,\ 1]$ 。限制在 $\tilde{\tilde{\xi}}$ 上的 α 水平截集可以概况为如下：

$$\tilde{\tilde{\xi}}(\omega) = [\inf(\tilde{\tilde{\xi}}(\omega))_{\alpha},\ \sup(\tilde{\tilde{\xi}}(\omega))_{\alpha}]$$

【定义 A.6】ε 是一个定义在概率空间 $(\Omega,\ A,\ Pr)$ 上，有着离散分布 $P_{\varepsilon}(x) = P\{x = x_n\}$，$n = 1,\ 2,\ \cdots$ 的离散随机变量。θ 是任意给定的一个概率水平且 $0 \leqslant \theta \leqslant \max P_{\varepsilon}(x)$ 。ε_{θ} 包含所有这样的元素，它们对于 ε 的 $P_{\varepsilon}(x)$ 值 $\geqslant \theta$，如下：

$$\varepsilon_{\theta} = \{x \in \mathbb{R} \mid P_{\varepsilon}(x) \geqslant \theta\}$$

那么 ε_θ 称为随机变量 ε 的 θ 水平截集。

证明：$\tilde{\tilde{\xi}} = \begin{cases} (a_{1L},\ a_{1C},\ a_{1R}),\ p_1 \\ \vdots \\ (a_{iL},\ a_{iC},\ a_{iR}),\ p_i \\ \vdots \\ (a_{IL},\ a_{IC},\ a_{IR}),\ p_I \end{cases}$ 是模糊随机变量，有着离散随机分布，在上边界、中值、下边界参数上具有模糊性质的浮动。离散随机分布为 $P_\psi(x)$。根据定义 A.6，离散随机变量 ψ 的 δ 水平截集（即为：δ 切）可以表示如下：

$$\psi_\delta = [\psi_\delta^L,\ \psi_\delta^R] = \{x \in \mathbb{R} \mid P_\psi(x) \geqslant \delta\}$$

其中，$\psi_\delta^L = \min\{x \in R \mid P_\psi(x) \geqslant \delta\}$ 和 $\psi_\delta^R = \max\{x \in R \mid P_\psi(x) \geqslant \delta\}$。这里的系数 $\delta \in [0,\ \max P_\psi(x)]$ 反映了决策者优化的态度。这个区间给出了概率水平取值的范围。

设 $X = \{x_\omega = \psi(\omega) \in \mathbb{R} \mid P_\psi(\psi(\omega)) \geqslant \delta,\ \omega \in \Omega\}$，不难证明 $X = [\psi_\delta^L,\ \psi_\delta^R] = \psi_\delta$，也就是说 $\min X = \psi_\delta^L$，$\max X = \psi_\delta^R$。换句话说，ψ_δ^L 是 ψ 到达概率 δ 的所有取值中的最小值，而 ψ_δ^R 是 ψ 到达概率 δ 的所有取值中的最大值。所以 δ 水平模糊随机变量 $\tilde{\tilde{\xi}}_\delta$ 可以定义为：

$$\tilde{\tilde{\xi}}_\delta = \begin{cases} \psi_\delta^L = (a^L_{(\delta,\ L)},\ a^L_{(\delta,\ C)},\ a^L_{(\delta,\ R)}),\ p_\delta^L \\ \vdots \\ \psi_\delta^R = (a^R_{(\delta,\ L)},\ a^R_{(\delta,\ C)},\ a^R_{(\delta,\ R)}),\ p_\delta^R \end{cases}$$

也可以表示为：

$$\tilde{\tilde{\xi}}_\delta = \{\tilde{\xi}_\delta(\omega)\} = (a_{(\delta,\ L)}(\omega),\ a_{(\delta,\ C)}(\omega),\ a_{(\delta,\ R)}(\omega))$$

对应的概率为：$\{p(\omega) \mid x_\omega \in X,\ \omega \in \Omega\}$。

其中，$\tilde{\xi}_\delta(\omega)$ 是模糊变量。变量 $\tilde{\tilde{\xi}}_\delta$ 可以用另一种形式来表达：

$$\tilde{\tilde{\xi}}_\delta = \bigcup_{\omega \in \Omega} \tilde{\xi}_\delta(\omega) = \tilde{\xi}_\delta(\Omega)$$

这里面，$\tilde{\xi}_\delta(\omega)\ (\omega \in \Omega)$ 是模糊变量。所以模糊随机变量 $\tilde{\tilde{\xi}}$ 可以转化为一组模糊变量 $\tilde{\xi}_\delta(\omega)\ (\omega \in \Omega)$，表示为 $\tilde{\xi}_\delta(\Omega)$。基于模糊变量 η 水平截集（即为 η 切，

参看附录定义 7.1 的概念）系数 $0 \leqslant \eta \leqslant 1$：

$$\tilde{\xi}_{(\delta,\eta)}(\omega)=[\xi^{L}_{(\delta,\eta)}(\omega),\xi^{R}_{(\delta,\eta)}(\omega)]=\{x\in U \mid \mu_{\tilde{\xi}_{\delta}(\omega)}(x)\geqslant\eta\}$$

那么 $\tilde{\xi}_{\delta}(\Omega)$ 的 η 水平截集（或者说 η 切）定义为：

$$\tilde{\xi}_{(\delta,\eta)}(\Omega)=\{\tilde{\xi}_{(\delta,\eta)}(\omega)=[\xi^{L}_{(\delta,\eta)}(\omega),\xi^{R}_{(\delta,\eta)}(\omega)] \mid \omega\in\Omega\}$$

这里，$\xi^{L}_{(\delta,\eta)}(\omega)=\inf\mu^{-1}_{\tilde{\xi}_{\delta}(\omega)}(\eta)$，$\xi^{R}_{(\delta,\eta)}(\omega)=\sup\mu^{-1}_{\tilde{\xi}_{\delta}(\omega)}(\eta)$，$\omega\in\Omega$ 受模糊随机变量模糊期望值的启发，可以得到：

$$a(\delta,L)=\sum_{\omega}p(\omega)\,a(\delta,L)(\omega);\;a(\delta,R)=\sum_{\omega}p(\omega)\,a(\delta,R)(\omega)$$

$$\xi^{L}_{(\delta,\eta)}=\sum_{\omega}p(\omega)\,\xi^{L}_{(\delta,\eta)}(\omega);\;\xi^{R}_{(\delta,\eta)}=\sum_{\omega}p(\omega)\,\xi^{R}_{(\delta,\eta)}(\omega)$$

综上，$\tilde{\tilde{\xi}}$ 可以通过 δ 切和 η 切转化为 $\tilde{\xi}_{(\delta,\eta)}$，如附图 1.1 所示。

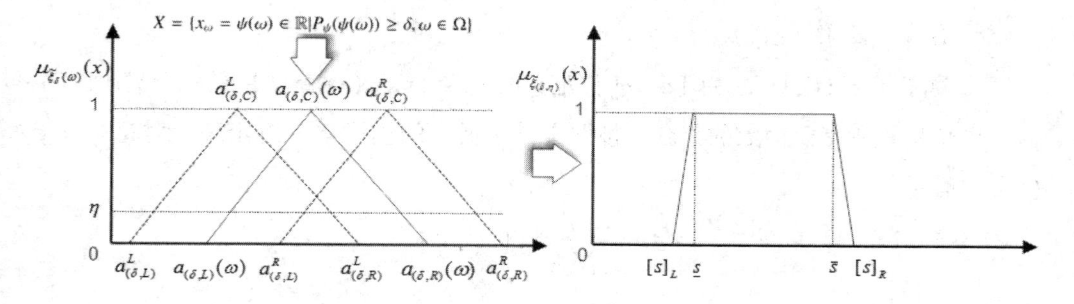

附图 1.1　模糊随机变量 $\tilde{\tilde{\xi}}$ 向 (δ,η) 水平梯形模糊变量 $\tilde{\xi}_{(\delta,\eta)}$ 的转化过程

其中，$0\leqslant\eta\leqslant1,\delta\in[0,\max P_{\psi}(x)]$。设 $a(\delta,L)=[s]_L$，$a(\delta,R)=[s]_R$，$\xi^{L}_{(\delta,\eta)}=\underline{s}$，$\xi^{R}_{(\delta,\eta)}=\bar{s}$，那么 $\tilde{\tilde{\xi}}$ 可以转化为 (δ,η) 水平梯形模糊变量 $\tilde{\xi}_{(\delta,\eta)}$，如下所示：

$$\tilde{\tilde{\xi}}\rightarrow\tilde{\xi}_{(\delta,\eta)}=([s]_L,\;\underline{s},\;\bar{s},\;[s]_R)$$

系数 δ 和 η 都反映了决策者的优化态度。所以，随机模糊变量 $\tilde{\tilde{\xi}}$ 可以转化为梯形模糊变量，其隶属度函数为：

$$\mu_{\tilde{\xi}_{(\delta,\eta)}(x)}$$

$\mu_{\tilde{\xi}_{(\delta,\eta)}(x)}$ 在 $x\in[[s]_L,[s]_R]$ 的值可以认为是 1，如下所示：

$$\mu_{\tilde{\xi}(\delta,\eta)}(x) = \begin{cases} 1, & \underline{s} \leqslant x < \bar{s} \\ \dfrac{x - [s]_L}{\underline{s} - [s]_L}, & [s]_L \leqslant x < \underline{s} \\ \dfrac{[s]_R - x}{[s]_R - \bar{s}}, & \bar{s} \leqslant x < [s]_R \\ 0, & x < [s]_L,\ x > [s]_R \end{cases}$$

定理得证。

定义 7.1

【定义 7.1】模糊数 $\tilde{a}$ 是定义在模糊集 $\mathbb{R}$ 上的，它的隶属度函数 $u_{\tilde{a}}$ 满足下面的条件。

1. $u_{\tilde{a}}$ 是从 $\mathbb{R}$ 到封闭空间［0，1］的映射。

2. 存在 $x \in \mathbb{R}$ 使得 $\mu_{\tilde{a}}(x) = 1$。

3. 对于 $\lambda \in (0,1]$，由 $[a_\lambda^L, a_\lambda^R]$ 定义的 $a_\lambda = \{x;\mu_{\tilde{a}}(x) \geqslant \lambda\}$ 是一个封闭区间。

$F(\mathbb{R})$ 是所有模糊数的集合。按照文献中提出的模糊集分解定理，对每个 $\tilde{a} \in F(\mathbb{R})$ 有：

$$\tilde{a} = \bigcup_{\lambda \in [0,1]} \lambda [a_\lambda^L, a_\lambda^R]$$

附录三：程序代码

程序 4.1

1. 染色体编码

步骤 1：对项目中的每个工序使用编码程序生成一个随机优先序号。模型中共有 I 项活动，随机生成 1~ I 条染色体。

步骤 2：对项目中的每个工序使用多级编码程序生成对应的模式，每个工序的执行模式为 m_i。

2. 染色体解码

步骤 1：解码一个可行的工序序列，满足模型中提出的优先约束。

步骤 2：随机选择每个工序的活动模式。

步骤 3：使用上面找到的工序序列和模式创建一个工序进度 S。

步骤 4：对应工序进度 S 画一个甘特图，如下附图 1.2。

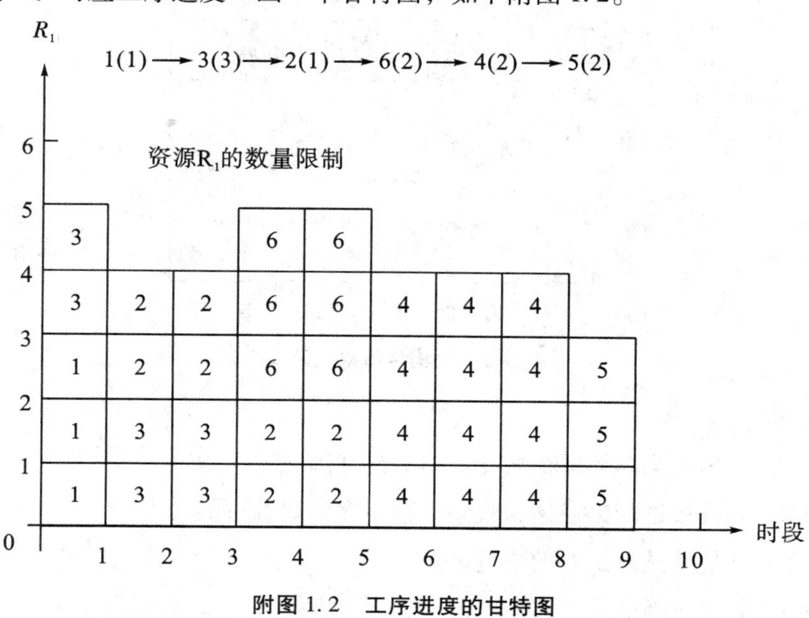

附图 1.2　工序进度的甘特图

3. 染色体评价

步骤 1：将随机变量通过 EVM 转化为确定的。

步骤 2：通过每个染色体的甘特图计算目标值 T_{whole}、C_{total}、$F_{resources}$。

步骤 3：综合三个目标值得到每个染色体的适应值。

$$eval = w_t T'_{whole} + w_c C'_{total} + w_f F'_{resources}$$

4. 染色体迭代

步骤 1：在当前一代选择一个最优染色体。

步骤 2：最优染色体附近随机生成新的染色体并达到种群规模（*pop_size*）。

步骤 3：在群体附近选择一个最优适应值的染色体。

步骤 4：比较当下最优染色体和附近选择的最优染色体；选择更优的，将其放到当前一代中成为最优染色体。

5. 交叉

步骤 1：选择上代染色体中的一个，并随机选择一组位置。

步骤 2：通过复制这些位置到相应的位置中形成子代新染色体的一部分。

步骤 3：同样，从上代染色体中另选一个，合并形成子代新染色体，如下附图 1.3。

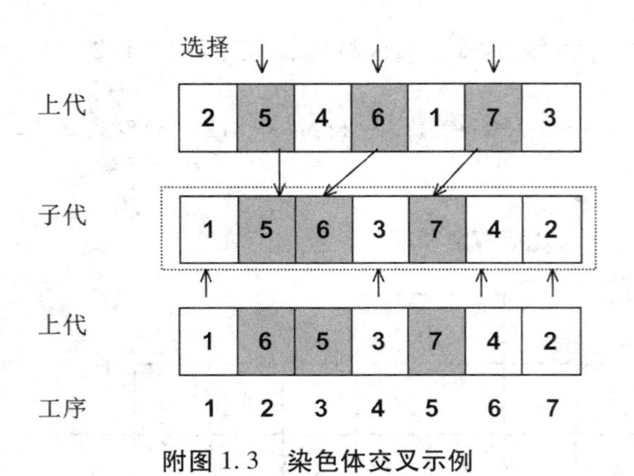

附图 1.3　染色体交叉示例

6. 变异

步骤 1：从当前染色体随机选择一组关键基因。

步骤 2：寻找接近的染色体，直到达到工序模式数量的约束。

步骤 3：评价并选择最好的染色体。

步骤 4：如果选择的染色体比当前的更好，替换掉，如下附图 1.4。

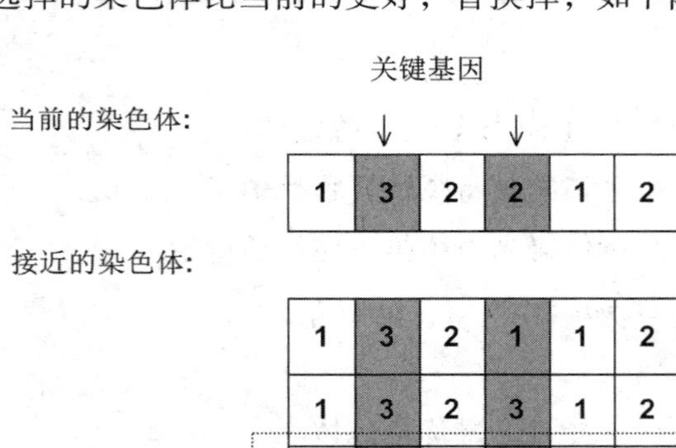

附图 1.4　染色体变异示例

7. 自适应调节机制

步骤 1：计算父母和当代的后代的平均适应值，分别为 $\overline{f_{par\_size}(t)}$ 和 $\overline{f_{off\_size}(t)}$，$par\_size$ 和 off_size 分别是上下两代种群规模的约束条件。

步骤 2：根据 $(\overline{f_{par\_size}(t)}/\overline{f_{off\_size}(t)})-1$ 的值，调节交叉和变异的比率。

步骤 3：在下一代中使用新比率。

程序 5.1

1. 编码

提出的模型在针对 GA 编码时，计算可能涉及的输入和输出数据，分别在总的模糊集中准备就绪。对提出的模型，进行随机的 GA 编码。在一个随机整数范围内分配模糊集中每一个基因点位的值。所有的基因点位都体现了模糊关系模型。随机生成的一个模型染色体如附图 1.5 中所示。

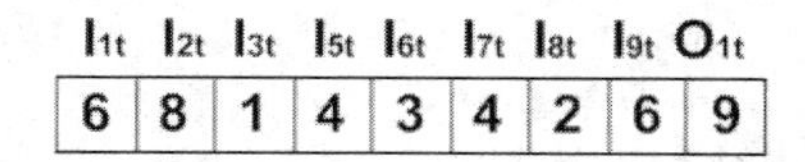

附图 1.5　**染色体图解**

解码过程：在总的模糊集中选择每个输入模糊集，根据基因值和输出项变量对应的基因位点选择模糊集。在本章建立的模型里，使用每个输入和输出项变量选择的模糊集来完成解码操作。

2. 评价和选择

在本章中，使用所有维度中确定的最小值作为一条染色体的适应值，将种群染色体中拥有最大的适应值的染色体作为最好的染色体。

使用常规的 GA 随机遗传算法选择方法——轮盘赌法，随机选择一条成为母代染色体，应用在 GA 循环中。

3. 遗传运算元

在本节中，介绍的交叉和变异操作。

（1）交叉

交叉是为了搜索新的解决方案空间和为交叉算子选择父母之间交换部分的字符串，采用子代和母代的交叉操作，如附图 1.6 所示。

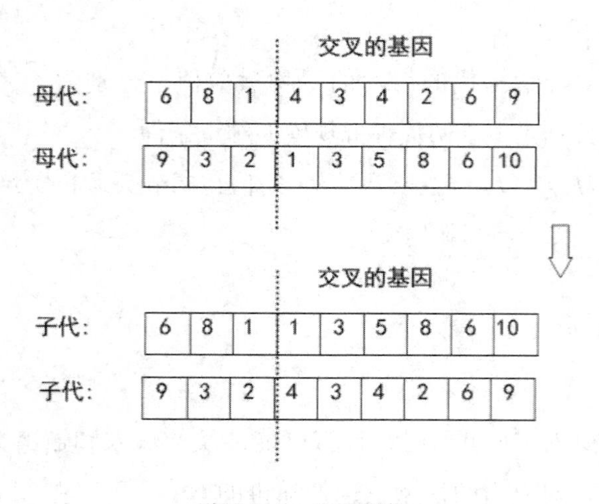

附图 1.6　交叉图解

在这个交叉操作中，随机选择基因位点，然后交换这两个基因位点的母代染色体以改变最终的字符串。最后，生成改变后的子代染色体。

（2）变异

变异是用来防止过早收敛和搜索新的解决方案空间。然而，不像交叉，变异通常是通过修改染色体上的基因来完成的。使用最优参考的变异操作如附图 1.7 所示。

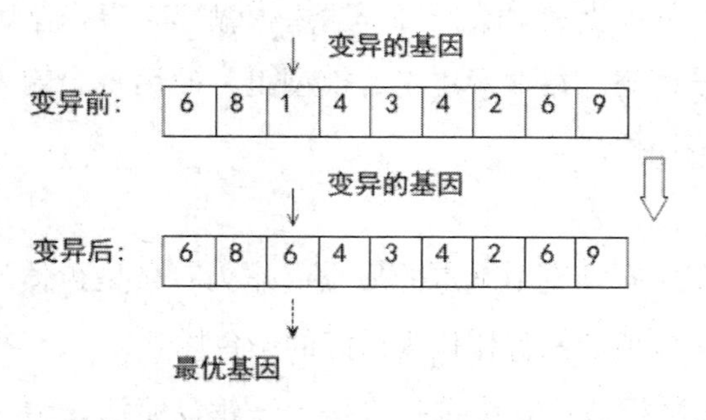

附图 1.7　变异的图解

在这个变异操作中，选择一个随机的基因位点，并使用现存的最优基因替代这个基因位点的基因。这里，最优基因是模糊集的输入或输出项变量对应的基因点位中值最大的。

4. 自我调节优化和动态更新机制

自我调节优化：选择一组模糊关系规则计算实际的评估值和预测值之间的误差。

若误差为零，然后进入另一个规则，否则，用实际值取代预测的评估值。

动态更新：通过模糊变量关系模型与特定评估值的输入项变量计算预测输出项值。如果不能完成上述要求，将这个特定评估值对应的失效模式及其严重程度进行评估。因此运用这个过程方法得到一个新的规则和模糊关系，将它添加到目标的模糊关系模型的输出中。

5. 算法收敛

用 $E_t(error)$ 作为模糊集的误差，是由于 R_t 作为模糊规则和 RR 作为实际系统的差别所致，公式如下所示：

$$R_t = RR + [F(I_{1t}) \wedge \cdots \wedge F(I_{mt}) \wedge \cdots \wedge F(I_{MT}) \wedge E_t(error)]$$

$E_t(error)$ 反映了 R_t 和 RR 的不一致。当 $error_t \to 0$，$R_t \to RR$，说明预测模型融合到实际的特点。每一个输出项均可以实现这个操作。

程序 6.1

1. 粒子编码

步骤 1：初始化 *swarm_group* 个粒子群，各群有 *swarm_size* 个粒子，每个粒子有 I 个维度分别对应于 I 个工序。

步骤 2：设定 $iteration\_\max = T$。粒子 s^{th} 工序序值位置的惯性必须有所限制，$[\omega_x^{\min}, \omega_x^{\max}] = [-1,1]$，而它的工序序值和模式的范围在 $[\theta_x^{\min}, \theta_x^{\max}] = [0,1]$ 和 $[\theta_{m_i}^{\min}, \theta_{m_i}^{\max}] = [1, m_i]$。分别设定工序序值的个人和全局最优的加速常量 c_p 和 c_g，其在 1th 和 T^{th} 代的惯性权重为 $\omega(1)$ 和 $\omega(T)$。在可行的范围内，随机地选择粒子 s^{th} 工序序值和模式的位置和惯性。

2. 粒子解码

输入：$\mathrm{Pre}(i)$，$Suc(i)$，$i = 1, 2, \cdots, I$

开始

$\overline{S} \leftarrow \Phi, \bar{s} \leftarrow \{1\}; l \leftarrow 1, t \leftarrow I + 1;$

$while(l \neq t)\ do$

$\overline{S} \leftarrow \overline{S} + Suc(l); l^* \leftarrow \arg\max\{\bar{v}(l) \mid l \in \overline{S}\};$

$while\mathrm{Pre}(l^*) \not\subset \bar{s}$

$l^* \leftarrow \arg\max\{\bar{v}(l) \mid l \in \bar{S} \backslash l^*\}$

end

$\bar{S} \leftarrow \bar{S}l^*; \bar{s} \leftarrow \bar{s} + l^*; l \leftarrow l^*;$

end

结束

输出：$\bar{s}$

3. 资源约束可行性检查

步骤1：根据解码后得到的工序及模式，计算不可更新资源的用量 $\sum_{1}^{I} r_{ij1}^{NON}$，如果 $\sum_{1}^{I} r_{ij1}^{NON} > q_1^{NON}$，意味着不可行，反之则可行。

步骤2：若不可更新资源的检查为不可行则进行第三步，否则进入第六步。

步骤3：根据序值大小选择最大的工序 $i(i=1,2,\cdots)$ 和其对应的模式。

步骤4：随机地从该工序对应的可选模式中选择更高的模式，计算 $\sum_{i=1}^{I} r_{ij1}^{NON}$。

步骤5：如果 $\sum_{i=1}^{I} r_{ij1}^{NON} \leqslant q_1^{NON}$，将原有模式替换为现在模式，进入第六步，否则返回第四步直到该工序的所有更高的模式都被选择完，再转向第三步。

步骤6：根据现有的工序与模式依次检查余下的可更新资源直到最后的资源都已检查完毕。

4. 粒子评价

程序：*PAES*

生成一个新的解 c^N

如果（c 优于 c^N）

放弃 c^N

如果（c^N 优于 c）

用 c^N 替换 c 并将其加入到 Pareto 最优解中

如果（c^N 被 Pareto 最优解中的任意一个优于）

放弃 c^N

如果（ c^N 优于 Pareto 最优解中的任意一个）

用 c^N 替换它并将其加入到 Pareto 最优解中

如果以上都不满足

对 c、c^N 使用检查程序来决定哪个作为新的当前解

以及是否将 c^N 加入到 Pareto 最优解中

直到终止条件出现，不然返回程序的开始

程序：检查

如果 Pareto 最优解存储未满

将 c^N 加入到 Pareto 最优解中

如果（ c^N 所在的区域不如 c 密集）

接受 c^N 新的当前解

否则

维持 c

不然，如果（ c^N 所在的区域不如 Pareto 最优解中任意一个密集）

将 c^N 加入到 Pareto 最优解中，并从最密集的区域中移除一个解

如果（ c^N 所在的区域不如 c 密集）

接受 c^N 新的当前解

否则

维持 c

不然

不将 c^N 加入到 Pareto 最优解中

5. 选择

步骤 1：用 10 除以每个区域中的 Pareto 最优解数。

步骤 2：利用轮盘赌选择一个区域。

步骤 3：从区域中随机选择一个 Pareto 最优解。

6. 粒子差别更新

步骤 1：在 τ 代，更新工序序值的惯性系数如下：

$$\omega(\tau) = \omega(\mathrm{T}) + \frac{\tau - \mathrm{T}}{1 - \mathrm{T}}[\omega(1) - \omega(\mathrm{T})]$$

步骤2：更新粒子 s^{th} 工序序值的惯性和位置，如下所示：

$$\omega_{xsi}(\tau+1)=\omega(\tau)\omega_{xsi}(\tau)+c_p u_r(\psi_{xsi}-\theta_{sh}(\tau))+c_g u_r(\psi_{xgi}-\theta_{xsi}(\tau))$$

$$\theta_{xsi}(\tau+1)=\theta_{xsi}(\tau)+\omega_{xsi}(\tau+1)$$

如果 $\theta_{xsi}(\tau+1)>\theta_x^{\max}$，

那么 $\theta_{xsi}(\tau+1)=\theta_x^{\max}\omega_{xsi}(\tau+1)=0$；

如果 $\theta_{xsi}(\tau+1)<\theta_x^{\max}$，

那么 $\theta_{xsi}(\tau+1)=\theta_x^{\min}\omega_{sh}(\tau+1)=0$。

步骤3：在 $[-m_i, m_i]$ 间随机选择一个数字作为粒子 s^{th} 工序模式的惯性，更新其工序模式的位置如下：

$$\theta_{msi}(\tau+1)=\theta_{msi}(\tau)+\omega_{msi}(\tau+1)$$

程序 7.1

1. 基于分解逼近的AGLNPSO算法过程

本章提出的基于分解逼近的AGLNPSO算法过程为：

第一步：初始化分解系数 $l=1$，在分解模型（7-13）中使用，设定阈值为 ε。

第二步：等分区间［0，1］为 2^{l-1} 个子区间，得到 $(2^{l-1}+1)$ 个节点 $\lambda_i(i=0,\cdots,2^{l-1})$，即：$0=\lambda_0<\lambda_1<\cdots<\lambda_{2^{l-1}}=1$。

第三步：用 l 转化模型（7-12）为模型（7-13）。

第四步：初始化参数：*swarm_size*、*iteration_max*、粒子惯性和位置的范围，个人最优位置、全局最优位置、局部最优位置和邻近最优位置的加速常量，最大和最小惯性权重。用粒子表示问题的解并初始化它们的位置和惯性。

第五步：解码粒子可行性检查。

第六步：用上层规划的可行解求解下层规划，得到最优目标值，并计算每个粒子所对应的上层目标值。

第七步：用多目标方法计算 *pbest*、*gbest*、*lbest* 和 *nbest*，并贮存Pareto最优解以及所对应的下层规划解、上下层规划各自的目标值。

第八步：更新惯性权重。

第九步：更新各粒子的惯性和位置。

第十步：检查 AGLNPSO 终止条件，如果条件到达，则得到最优解 $(u, x)_{2^l}$，继续下一步，否则返回第五步继续。

第十一步：检查分解终止条件，如果 Pareto 最优解逼近且稳定，那么得到问题的最后解，否则 $l = l + 1$，返回第三步继续。

以上步骤可由附图 1.8 表示。

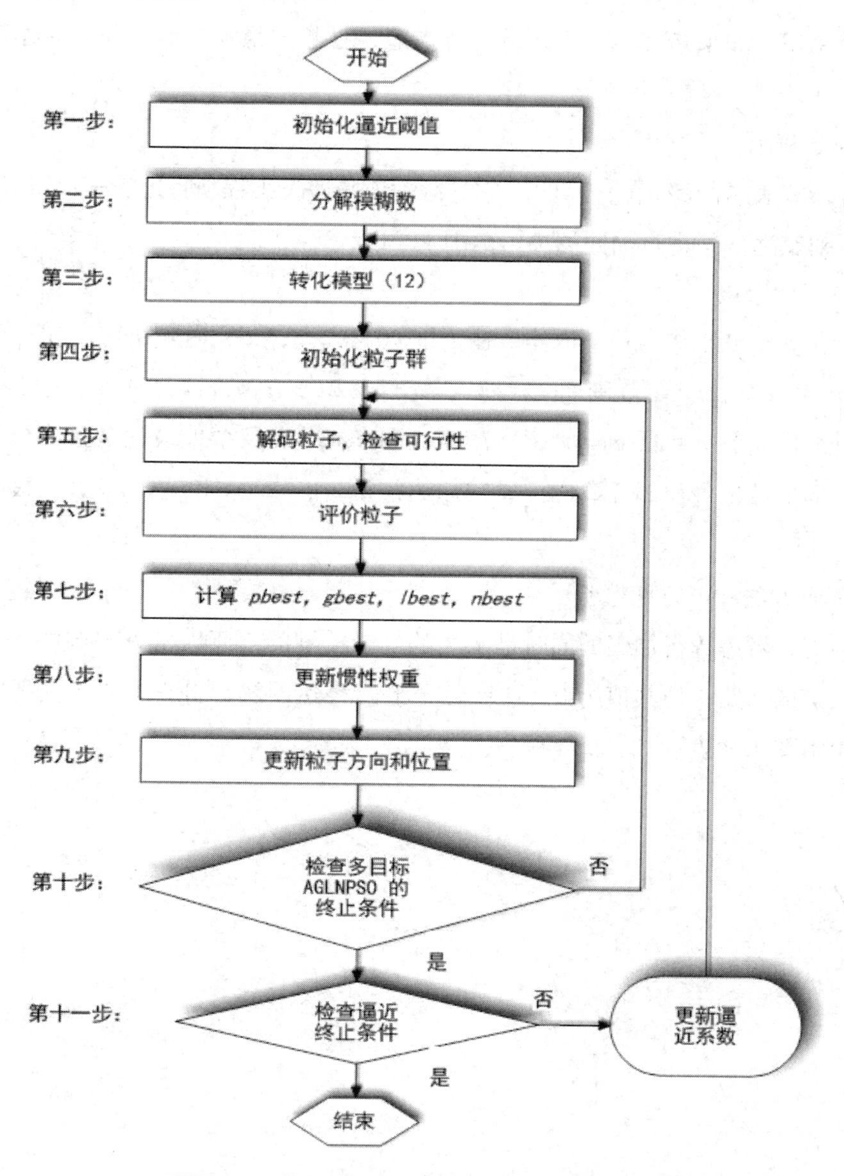

附图 1.8　基于分解逼近的 AGLNPSO 算法流程图

这里，算法收敛的条件为 Pareto 最优解逼近且趋于稳定，可以用 ϖ 来表示。

$$m \in M,\ n \in N,\ \chi = 0.$$

如果遍历 M 对任意的 m 有 $n = m,\ n \in N$ 则 $\chi = \chi + 1$.

$$\varpi = \frac{\chi}{|M|}$$

也就是说，如果 $\varpi \geqslant \varepsilon$，Pareto 最优解逼近且趋于稳定，那么分解的终止条件就达到了。

2. 粒子表示

粒子形式表示的解 $u_a(a \in A)$，它的维度就是建设工程项目地震-环境风险损失控制中，对交通网络进行加固的决策范围 $[0,1,2,3,4,5]$。

3. 粒子初始化

初始化 S 个粒子作为一个群体，在范围 $\{0,1,2,3,4,5\}$ 内随机产生粒子的位置 Θ_s，同时为每个粒子在范围 $\{-5,-4,-3,-2,-1,0,1,2,3,4,5\}$ 内随机产生惯性。设迭代代数 $\tau = 1$，*warm_sizeS*，*iteration_*max，以及个人最优位置、全局最优位置、局部最优位置和邻近最优位置的加速常量 c_p、c_g、c_l 和 c_n，最大、最小惯性权值 $\omega^{\max}$ 和 $\omega^{\min}$。

4. 解码方法和可行性检验

因为需要考虑进行加固的同时是永久的或者关键的，所以检查并调整所有的临时且非关键的通路，使其值为 0。这样粒子形式表达的解，将它解码为问题解的过程可以由附图 1.9 表示。

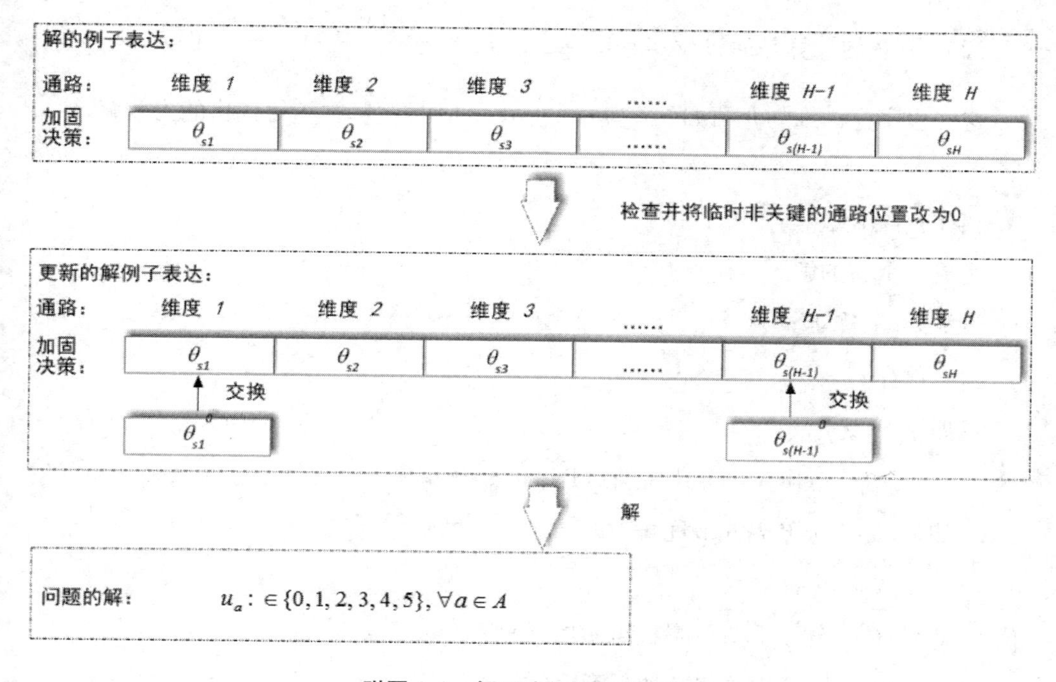

附图 1.9　解码为问题解的过程

5. 粒子的评价

对每个粒子 $s=1,\cdots,S$，设定 $\Theta_s(\tau)$ 为解 R_s，也就是说上层规划的解 $|u|$，带入上层规划求得一个目标值 $c(u)$。将 u 带入到下层规划中，得到最优解 x 和最优目标 $Q(x)$，由此也就是上层目标的另一个值 $Q(x)$。这里的上层目标值对应于加固成本和环境成本，也就是损失值。而下层目标值则是地震破坏所带来的重建成本和交通阻滞成本，同样是损失值。

6. 多目标方法

多目标方法是由 PAES 程序、检查程序和选择程序共同组成的，用来计算 *pbest*、*gbest*、*lbest* 和 *nbest*。这个方法通过建立一个储存结构来专门存贮优秀的解（即为 Pareto 最优解），同时将这个结构根据各解的值分为若干的方块。每个方块都根据其密度（也就是所包含的解的个数）获得一个评分。对它们的选择基于轮盘赌的方法，在选出方块后，再从中随机地选择 Pareto 最优解。对于 *pbest*、*gbest*、*lbest* 和 *nbest* 方法都一样。需要说明的是：

（1）*lbest* 是各个粒子周边一定范围内，相邻的粒子中最优的值；

（2）*nbest* 的计算是通过设定 $\psi_{sh}^{N}=\psi_{oh}^{N}$，最大化 $\dfrac{Z(\Theta_s)-Z(\psi_o)}{\theta_{sh}-\psi_{oh}}$ 而来。这些程序将详细的介绍如下，其中 c 是 Pareto 最优解中随机选出的当前解。

程序：PAES

生成一个新的解 c^N

　如果（c 优于 c^N）

　　放弃 c^N

　如果 c^N 优于 c）

　　　用 c^N 替换 c 并将其加入到 Pareto 最优解中

　如果（c^N 被 Pareto 最优解中的任意一个优于）

　　　放弃 c^N

　如果（c^N 优于 Pareto 最优解中的任意一个）

　　　用 c^N 替换它并将其加入到 Pareto 最优解中

　如果以上都不满足

　　　对 c、c^N 使用检查程序来决定哪个作为新的当前解

　　　以及是否将 c^N 加入到 Pareto 最优解中

直到终止条件出现，不然返回程序的开始

程序：检查

如果 Pareto 最优解存储未满

　将 c^N 加入到 Pareto 最优解中

　如果（c^N 所在的区域不如 c 密集）

　　接受 c^N 新的当前解

　否则

　　维持 c

不然，如果（c^N 所在的区域不如 Pareto 最优解中任意一个密集）

　　　将 c^N 加入到 Pareto 最优解中，并从最密集的区域中移除一个解

如果（c^N 所在的区域不如 c 密集）

接受 c^N 新的当前解

否则

维持 c

不然

不将 c^N 加入到 Pareto 最优解中

程序：选择

（1）用 10 除以每个区域中的 Pareto 最优解数。

（2）利用轮盘赌选择一个区域。

（3）从区域中随机选择一个 Pareto 最优解。

7. 更新惯性权重

更新第 τ^{th} 代的惯性权重，如下：

$$\varpi = \frac{\sum_{s=1}^{S}\sum_{h=1}^{H}|\omega_{sh}|}{S \cdot H}$$

$$\omega^{*}\begin{cases}\left(1-\frac{1.8\tau}{T}\right)\omega^{\max}, & 0 \leqslant \tau \leqslant T/2 \\ \left(0.2-\frac{0.2\tau}{T}\right)\omega^{\max}, & T/2 \leqslant \tau \leqslant T\end{cases}$$

$$\Delta\omega = \frac{(\omega^{*}-\varpi)}{\omega^{\max}}(\omega^{\max}-\omega^{\min})$$

$$\omega = \omega + \Delta\omega$$

$$\omega = \omega^{\max},\ if\ \omega > \omega^{\max}$$

$$\omega = \omega^{\min},\ if\ \omega > \omega^{\min}$$

8. 更新粒子位置和惯性

更新粒子 s^{th} 的位置和惯性，如下：

$$\omega_{sh}(\tau+1)=\omega(\tau)\omega_{sh}(\tau)+c_p u_r(\psi_{sh}-\theta_{sh}(\tau))+c_g u_r(\psi_{gh}-\theta_{sh}(\tau))$$
$$+c_l u_r(\psi_{sh}^{L}-\theta_{sh}(\tau))+c_n u_r(\psi_{sh}^{N}-\theta_{sh}(\tau))$$

$\theta_{sh}(\tau+1)=\theta_{sh}(\tau)+\omega_{sh}(\tau+1)$

如果 $\theta_{sh}(\tau+1)>\theta^{max}$，那么定义 $\theta_{sh}(\tau+1)=\theta^{max}\omega_{sh}(\tau+1)=0$

如果 $\theta_{sh}(\tau+1)>\theta^{min}$，那么定义 $\theta_{sh}(\tau+1)=\theta^{min}\omega_{sh}(\tau+1)=0$

程序 8.1

第一步：设定初值。对于所有的状态变量都设定 $EV_{i,\ t+1}(S_{i,\ t+1})$ 和 $CLV_{i,\ t+1}(S_{i,\ t+1})$ 为 0，设定收敛指标 $\eta>0$。

第二步：在整个参数空间通过改变参数值来寻求最优值，这里需采用解决多变量多峰全局最优的算法来进行，GA 算法在这里是有效的。

第三步：分别计算出客户 i 在状态 $S_{it}(r_{it},\ f_{it})$ 对公司营销组合策略 $D_{it}(m_{it},\ p_{it})$ 的购买概率 $prob_{it}(d_{it}=1\mid s_{it},\ m_{it},\ p_{it})$。

第四步：计算客户 i 在状态 $S_{it}(r_{it},\ f_{it})$ 下的感知价值函数 $V_{it}(S_{it})$。

第五步：计算来自客户 i 的最大期望 $CLV_{it}(S_{it})$ 及相应的最优营销策略组合 $D_{it}^{*}(S_{it})$。

第六步：通过计算所得的最优营销组合策略来计算客户 i 在状态 S_{it} 下的期望客户感知价值 $EV_{it}(S_{it})$。

第七步：终止标准。令 $d_1=EV_{i,\ t+1}-EV_{it}$ 及 $d_2=CLV_{i,\ t+1}-CLV_{it}$，如果 $d_1'd_1+d_2'd_2<\eta$，就停止，否则 $EV_{i,\ t+1}=EV_{it}$，$CLV_{i,\ t+1}=CLV_{it}$，然后回到第二步。

附录四：符号定义

符号 4.1

1. 指标

i：一个项目中的活动，$i=1,2,\cdots,I$

j：模式，$j=1,2,\cdots,m_i$（m_i 是活动 i 的模式可能值）

k_r：一个项目中随机约束下的可更新资源类型，$k_r=1,2,\cdots,k_r$

k_d：一个项目中确定约束下的可更新资源类型，$k_d=1,2,\cdots,k_d$

t：一个项目中的时期，$t=1,2,\cdots,T$

2. 变量

t_{ij}^{F}：活动 i 选择模式 j 的完成时间

t_{i}^{EF}：活动 i 的最早完成时间

t_{i}^{LF}：活动 i 的最迟完成时间

T_{whole}：整个项目持续时间

C_{total}：项目的过早和递延总成本

$F_{resources}$：项目的资源流

3. 随机参数

$l_{k_r}^{M}$：每一时期可更新资源 k_r 的一个已知的随机最大限制完全独立分布常量

c_i：i 的递延成本，一个已知的完全独立分布随机系数

4. 确定参数

$l_{k_d}^{M}$：每一时期可更新资源 k_d 的一个已知的确定最大限制不变常量

$Pre(i)$：活动 i 的紧前集合

r_{ijk_r}：随机限制时执行活动 i 采用模式 j 需要的可更新资源 k_r 数量

r_{ijk_d}：确定限制时执行活动 i 采用模式 j 需要的可更新资源 k_d 数量

p_{ij}：活动 i 选择模式 j 的处理时间

t_{i}^{E}：活动 i 的预计完成时间

5. 决策变量

$$x_{ijt} = \begin{cases} 1, \\ 0, & other \end{cases}$$

如果活动 i 用时间 t 完成执行模式 j。

决策变量是确定当前活动在此时是否以一定的执行模式的完成时间被安排。

符号 5.1

m：输入项的索引变量，$m = 1,2,3\cdots,M$

n：输出项的索引变量，$n = 1,2,\cdots,N$

t：实际参数 $t = 1,2,\cdots,T$

k：输入输出量的等级，$\mathrm{k} = 1,2,\cdots,\mathrm{K}$

s：模糊集合的索引基于输入和输出数据的等级，$s = 1,2,\cdots,S$

a：输入项的时间延后变量的指数，$a = 1,2,\cdots,A$

b：输出项的时间延后变量的指数，$b = 1,2,\cdots,B$

l：新输入项的索引变量相关分析，$l = 1,2,\cdots,L$

e：当不排斥时最邻近的索引下标值模糊集，$e = 1,2,\cdots,E$

t'：自动调整的模糊关系规则组的指数，$t' = 1,2,\cdots,T$

f：工艺过程的指数，$f = 1,2,\cdots,F$

c：失效的索引模式，$c = 1,2,\cdots,C$

d：原始因素的指数，$d = 1,2,\cdots,D$

g：现存操纵测量的指数，$g = 1,2,\cdots,G$

I_{mt}： 在周期为 t 的输入变量

O_{nt}： 在周期为 t 的输出变量

G_k： k 为输入和输出的等级

F_s： s 为基于输入输出等级的模糊集

μ_s： 模糊集的从属函数，$s = 1,2,\cdots,S$

x_{lt}：l 表示在以 t 为周期的相关分析后得到的新的变量

p_{lts}： 在模糊集以 t 为周期的新输入变量 l 的可行性分布

p_{nts}： 在模糊集以 t 为周期的新输出变量 n 的可行性分布

$F(I_{mt})$：I_{mt} 的隶属模糊集

$F(O_{nt})$：O_{nt} 的隶属模糊集

R_{nt}： 使用周期为 t 的模糊关系规则的 n 的输出变量

R_n： 模糊关系规则的 n 的输出变量的总和（集）

λ_l： 新的输入 x_l 变量最为临近的模糊集的下标值

$F_{lt\lambda_t}$： 新的输入变量 x_{lt} 最临近的模糊集

$\overline{Fo_{nt}}$： 在 t 为周期内输出变量 n 隶属函数的预测值

$\overline{O_{nt}}$： 在 t 为周期内输出变量 n 的预测值

P_n： 输出变量的预测值和实际的平均方差

$error_{nt'}$： n 的输出变量的针对过程在 t' 的模糊关系规则下真实值与预测值之间

的误差

$E_t(error)$：t 周期内识别误差的隶属函数

TP_f：f 的工艺技术

FM_c：c 的失效模型

OF_d：d 的原始因数

EM_g：g 先有的操作方法

符号 6.1

i：工序，$i = 1,2,\cdots,I$

j：执行模式，$j = 1,2,\cdots,m_i$（m_i 是工序 i 的执行模式数量）

n：不可更新资源，$n = 1,2,\cdots,N$

k：可更新资源，$k = 1,2,\cdots,K$

t^D：项目施工的单位时间，$t^D = 1,2,\cdots,T^D$

t^M：采购期，$t^M = 1,2,\cdots,T^M$

$\overline{T}^D$：采购单位时间

ξ_{ij}：工序 i 在模式 j 下的随机执行时间

$Pre(i)$：工序 i 的紧前工序集合

r_{ijn}^{NON}：工序 i 在模式 j 下消耗的不可更新资源 n 的数量

r_{ijk}^{RE}：工序 i 在模式 j 下消耗的可更新资源 k 的数量

q_n^{NON}：不可更新资源 n 的数量限制

q_k^{RE}：可更新资源 k 的数量限制

cn_n^{NON}：不可更新资源 n 的价格

D：项目工期

C：项目成本

P_l：下层规划

$u_k(\cdot)$：材料 k 的库存量

qb_k：在各采购期开始前，材料 k 的库存量

qe_k：在项目工期完成时，材料 k 的库存量

u_k^{MAX}：材料 k 的库存限制

$\zeta_k(\cdot)$：材料 k 的随机需求量

sh_k：如果材料 k 的需求不能满足时的惩罚价格

SC_k：如果材料 k 的需求不能满足时的惩罚成本

w_k^L，v_k^L：材料 k 购买量线性系数的下边界

w_k^U，v_k^U：材料 k 购买量线性系数的上边界

l_{k,t^M}^{MIN}：材料 k 在采购期 $(t^M+1)^{th}$ 的购买量最小值

l_{k,t^M}^{MAX}：材料 k 在采购期 $(t^M+1)^{th}$ 的购买量最大值

δ_k：材料 k 在第一个采购期的商定价格

$\widetilde{ra}_k$：材料 k 的模糊价格变动

$\alpha_k(\cdot)$：材料 k 的强制保费

$\beta_k(\cdot)$：材料 k 的转化系数

r_k：材料 k 在最大购买量时的折扣

$\widetilde{cc}_k(\cdot)$：材料 k 的库存模糊变动因素

h_k：材料 k 的库存价格

$\widetilde{ct}_k(\cdot)$：材料 k 从供应商到入库的模糊运输价格

X_k：$X_k=(l_k(\cdot), u_k(\cdot))$

$\tilde{a}_k$：$\tilde{a}_k=(\widetilde{ra}_k, \widetilde{cc}_k(\cdot), \widetilde{ct}_k)$

Q_k：材料 k 的最优成本

f_K：材料 k 的成本

f_k^{PC}：材料 k 的购买成本

f_k^{HC}：材料 k 的库存成本

f_k^{TC}：材料 k 的运输成本

x_{ijt^D}：1，如果 i 执行模式 j 且计划完成时间为 t^D；0，其他情况

$l_k(\cdot)$：材料 k 的购买量

符号 6.2

s：粒子度量，$s=1,2,\cdots,S$

g：粒子群度量，$g=1,2,\cdots,G$

τ：迭代代数度量，$\tau=1,2,\cdots,T$

i：维度（即为项目工序）度量，$i=1,2,\cdots,I$

$\bar{S}$：待选集

$\bar{s}$：调度集

l：计数器

$Pre(i)$：工序 i 的紧前工序集

$Suc(i)$：工序 i 的紧后工序集

$\bar{v}(i)$：工序 i 的序值

t_i^D：经过可行性检验后工序 i 的完成时间

u_r：[0,1] 区间的随机数

$w(\tau)$：工序序值在第 τ^{th} 代的惯性权重

$w(l)$：工序序值在第 l^{th} 代的惯性权重

$w(T)$：工序序值在第 T^{th} 代的惯性权重

$w_{xsi(\tau)}$：第 τ^{th} 代，粒子 s^{th} 在维度 i^{th} 上工序序值的惯性

$\theta_{xsi}(\tau)$：第 τ^{th} 代，粒子 s^{th} 在维度 i^{th} 上工序序值的位置

$\theta_{msi}(\tau)$：第 τ^{th} 代，粒子 s^{th} 在维度 i^{th} 上工序模式的位置

$\theta_{msi}^H(\tau)$：第 τ^{th} 代，粒子 s^{th} 在维度 i^{th} 上工序模式数更高的位置

ψ_{xsi}：粒子 s^{th} 在维度 i^{th} 上工序序值位置的个人最优值

ψ_{msi}：粒子 s^{th} 在维度 i^{th} 上工序模式位置的个人最优值

ψ_{xgi}：粒子 s^{th} 在维度 i^{th} 上工序序值位置的全局最优值

ψ_{mgi}：粒子 s^{th} 在维度 i^{th} 上工序模式位置的全局最优值

c_p：工序序值位置上个人最优值的加速常量

c_g：工序序值位置上全局最优值的加速常量

$\omega_x^{\min}$：工序序值的最小惯性

$\omega_x^{\max}$：工序序值的最大惯性

$\theta_x^{\min}$：工序序值的最小位置

$\theta_x^{\max}$：工序序值的最大位置

$\theta_{mi}^{\min}$：工序序值在维度 i^{th} 上的最小位置

$\theta_{mi}^{\max}$：工序序值在维度 i^{th} 上的最大位置

R_s：粒子 s^{th} 所表示的解集

c：从 Pareto 最优解中随机选出的当前解

C^N：新生成的解

符号 7. 1

a：交通网络中的通路，$a \in A$

b：交通网络中的节点，$b \in B$

v：变动环境成本，$v \in V$

f：固定环境成本，$f \in F$

i：加固施工的产出，$i \in I$

j：加固施工的作业，$j \in J$：

k：运输路径，$k \in K$

m_a：永久通路，临时通路

n_a：关键通路，非关键通路

c_{va}^p：永久通路变动加固成本的增加值（基于加固等级 1）

c_{va}^t：临时通路变动加固成本的增加值（基于加固等级 1）

c_{fi}^p：永久通路固定加固成本的增加值（基于临时通路）

c_{fi}^t：临时通路固定加固成本

ρ：环境成本权重

ce_v^p：永久通路变动环境成本的增加值（基于破坏等级 1）

ce_v^t：临时通路变动环境成本的增加值（基于破坏等级 1）

pe_{jv}^v：固定环境成本

pe_{jv}^v：作业成本中心 j 在变动环境成本 i 中的比例

i：产出 i 在固定环境成本 ce_j^c 中的比例

ce_j^c：作业成本中心 am_j 的变动环境成本

am_j：作业成本中心 ra_j 成本动因

ra_j：作业成本中心 am_{ij} 成本动因率

am_{ij}：产出 i 在作业成本中心 j 的成本动因量

$\tilde{\tilde{\varsigma}}$：环境的模糊随机破坏等级

C：加固成本（包含环境成本）

Q：交通运输的地震破坏损失（考虑加固后）

P_l：下层规划

$\tilde{\tilde{\xi}}_a$：通路 a 加固前的模糊随机破坏等级

$\tilde{\tilde{\Xi}}_a$：通路 a 加固后的模糊随机破坏等级

cr_{va}^p：永久通路变动重建成本的增加值（基于破坏等级 1）

cr_{va}^t：临时通路变动重建成本的增加值（基于破坏等级 1）

cr_{fi}^p：永久通路固定重建成本的增加值（基于临时通路）

cr_{fi}^t：临时通路固定重建成本

γ：时间到货币值的转化系数

ti_a^0：通路 a 在空置时的通过时间

α：BPR 的系数

β：BPR 的系数

fl_a：通路 a 的总流量

ca_a'：通路 a 的实际容量（为设计容量的 90%）

ca_b：阶段 b 的容量

W：节点-路径关联矩阵

M：通路-路径关联矩阵

u_a：$u_a \in \{0,1,2,3,4,5\}$，$\forall a \in A$

x_k：$x_k \geqslant 0$，$\forall k = 1, \cdots, K$

符号 7.2

s：粒子度量，$s = 1,\cdots,S$

τ：迭代代数度量，$\tau = 1, \cdots, T$

h：维度度量，$h = 1, \cdots, H$

u_r：迭代中统一的随机数 [0，1]

$w(\tau)$：τ^{th} 代中的惯性权重

$w^{\max}$：最大惯性权重

$w^{\min}$：最小惯性权重

$\omega_{sh}(\tau)$：第 τ^{th} 代，粒子 s^{th} 在维度 h^{th} 上的惯性

$\theta_{sh}(\tau)$：第 τ^{th} 代，粒子 s^{th} 在维度 h^{th} 上的位置

$\theta_{sh}^{0}(\tau)$：第 τ^{th} 代，粒子 s^{th} 在维度 h^{th} 上临时非关键通路的位置

ψ_{sh}：粒子 s^{th} 在维度 h^{th} 上的个人最优位置

ψ_{gh}：粒子 s^{th} 在维度 h^{th} 上的全局最优位置

ψ_{sh}^{L}：粒子 s^{th} 在维度 h^{th} 上的局部最优位置

ψ_{sh}^{N}：粒子 s^{th} 在维度 h^{th} 上的邻近最优位置

c_p：个人最优位置加上常量

c_g：全局最优位置加上常量

c_l：局部最优位置加上常量

c_n：邻近最优位置加上常量

$\omega^{\max}$：最大惯性

$\omega^{\min}$：最小惯性

$\theta^{\max}$：最大位置

$\theta^{\min}$：最小位置

Θ_s：粒子 s^{th} 位置向量 $[\theta_{s1}, \theta_{s2}, \cdots, \theta_{sH}]$

Ω_s：粒子 s^{th} 惯性向量 $[\omega_{s1}, \omega_{s2}, \cdots, \omega_{sH}]$

R_s：粒子 s^{th} 的解集

c：从 Pareto 最优解中随机选出的当前解

c^{N}：新生成的解

结 语

不确定性自始至终都伴随着建设工程项目。尤其对于大型的项目而言，繁琐的过程和复杂的组织机构使风险无处不在。在世界范围内，社会经济的发展大大推动了“破旧建新”的进度，愈发复杂的建设工序和愈加庞大的建设规模，使得建设工程项目越发处于高风险的环境当中，由此造成的损失不计其数。风险的来源是错综复杂的，使管理者不得不正视风险控制逐渐增加的层出性。严峻的风险管理形势，迫使人们对风险的研究和技术方法的开发越来越成熟。完善的风险管理程序和先进的技术、方法和手段都能为建设工程项目风险损失的控制提供强有力的支持。基于以上的考虑，本书以建设工程项目风险损失控制问题为对象，对问题进行了较为系统和深入的研究，主要从风险损失控制理论、损失控制决策建模、求解算法和项目应用实践分析等方面开展工作。

1. 主要工作

从基础理论、定义、类别和方法等方面系统回顾了风险损失控制。作为风险管理中一种重要的方法，损失控制是“风控”的重要方面。面对风险，人们除了试图减少风险的发生，避免它带来的伤害和损失外，最为有效的控制就是对风险的损失进行控制。因为，事实上，很多风险事件的发生都是意外的结果，要想从源头根除它，往往显得力不从心，甚至无从下手。而风险避无可避时，与其纠结于它的发生，不如试图减少它的发生可能带来的损失。有关损失控制理论百家争鸣，分别从人为因素、外界物质、系统或多因素诠释了意外风险事件的发生机制，虽然侧重点不同，但均是以降低风险发生的概率和减小损失为目标，通过提出不同的风险控制措施来降低风险对人们所产生的威胁，减少其对社会经济生活的影响。在这些理论的指导下，明确了损失控制的内容和意义后，选用适合的控制手段，在合适的控制时间，综合应用有针对性的控制方法技术来实施控制，才能有效地实现控制目标。风险损失控制系统的理论、有效的手段、全面的方法都会对建设工程项目的风险管理大有裨益。

在回顾风险损失控制理论和建设工程项目风险特性的基础上，对建设工程项目风险来源进行分析，从不确定性的四种类型出发，运用概率论、数理统计和相关理论，对风险事故发生的规律和若风险事故真的不可避免地发生之后可能造成的损害和影响进行定量分析。按照提出的不确定性估计方法，以应用实例的数据为例，分别对建设工程项目的四种风险的不确定性做出了估计。

完成风险定性和定量的分析之后，在考虑风险控制研究现状和建设工程项目风险的实际情况的基础上，分别选用线性规划、模糊关系模型、二层多目标规划及随机博弈等方法对风险的损失控制决策进行建模。然后针对实际问题的需要，提出多种有差别的适用算法来对问题进行求解。最后以建设工程项目的实例来验证方法的有效性。通过对应用实例的求解，得到风险损失减少或避免的决策方案，项目相关人员可以据此转化为可具体操作的实施计划，从制度、人员、教育等方面全面推进计划的执行，并保证计划落实与监控。对项目实例进行计算求解和分析结果，并验证方法的可行性和有效性。

本书在实践篇的风险损失控制研究中讨论到，由于所讨论的风险及性质的不同，风险控制的主体也不尽相同，从而在决策结构、风险表示、模型建立和求解算法上存在着差异。因此这五章的工作有着本质上的区别。同时，作为本书的实证研究可以为实际工程人员的风险控制操作提供指导，具有理论和应用的意义和价值。

2. 创新之处

对于研究建设工程项目风险损失控制的问题，本书主要的创新点在于从损失与控制的角度来管理建设工程项目的风险，并且在风险管理一般程序的框架下对风险进行了系统而全面的研究，提出的各类适用的模型方法和求解算法反映了风险控制的实际情况。

一方面，建设工程风险损失控制站在损失控制的角度，从风险的结果出发探寻建设项目工程风险损失的来源和主要影响因素，明确风险结构，并通过以损失期望值和偏好值最小化为原则的决策过程，得到从风险期望和决策者偏好的角度出发的最优决策结果。从而根据选定的决策结果指导实践应用者在风险事件发生之前采取损失预防的手段来降低损失、减缓风险。可以说研究中提出的风险损失控制策略丰富了现有的建设工程项目风险管理内容。

另一方面，系统全面风险控制管理遵照风险管理的一般程序，通过风险识别及评估、决策及实施，对风险系统进行分析和讨论，遵循了事物发展的规律，能够实现对建设工程项目风险损失控制问题的全面完整把握。这样的研究思路和过程对实现建设工程项目风险管理的规范化做出了有益的探索。

3. 综合运用多种模型方法

针对所讨论问题的各异性，运用线性规划、模糊关系模型、二层多目标规划及随机博弈等方法模型，实现建设工程项目多类型风险损失的有效控制。以上研究是对建设工程项目风险损失控制技术方法的探索和丰富。

4. 针对性有效求解算法

面对不同的风险及不确定性的结构，设计具有有效适应性的 GA 算法、(r)a-hGA 算法、IABGA 算法、多粒子群差别更新 PSO 算法以及基于分解逼近的 AGLNPSO 算法。

综合上面所描述的创新点，本书的研究不但提出了建设工程项目风险管理新的视角，丰富了内容，规范了管理的程序，同时从问题、模型和算法等方面对建设工程项目风险损失控制的技术方法进行了深入的探讨。

5. 未来研究

目前，关于建设工程项目风险管理的研究正处于不断的发展阶段，还有很多问题值得进一步的探索和研究。笔者今后的研究将从以下几个方面继续展开：

（1）关注分析更多的建设工程项目风险，同时对于已提出的风险，还要继续从风险源、风险因素乃至诱发条件等多方面进行更为深入的研究，以进一步完善风险的结构。

(2) 除了现有的风险管理过程，还应在研究上对风险的具体实施、监控和反馈等做进一步的扩展，以完善风险管理的程序。

(3) 对于可能涉及多个风险决策的情形，例如在调度和采购风险控制的同时，还可能面对经济环境的变动带来的风险，如财政政策、税制和利率等。由此展开来的多层决策的模型设计、风险处理和算法创建等都需要再做深入的研究和讨论。

(4) 除了损失控制的方法，对于建设工程项目的风险管理，还应考虑从风险转移、风险自担和保险等角度出发来探讨。

(5) 结合实际建设工程项目的具体情况，进一步将理论研究的成果应用到现实的工程实践中去，以期获得更好的应用成果。

此外，还需对模型的理论分析做进一步研究，比如：解的存在性、稳定性、最优化条件，还有算法的收敛性、计算速度等。

参考文献

[1] 范道津，陈伟珂. 风险管理理论与工具 [M]. 天津：天津大学出版社，2010.

[2] Z. Pawlak. Rough sets：Theoretical aspects of reasoning about data [M]. Boston：Kluwer Academic Publishers，1991.

[3] D. Y. Li，C. Y. Jiu，Y. Du，et a1. Artificial intelligence with un-certainty [J]. Journal of Software，2004，15（11）：1583-1594.

[4] 胡军，王国胤. 粗糙集的不确定性度量准则 [J]. 模式识别与人工智能，2010，23（5）：606-615.

[5] 余建星. 工程风险评估与控制 [M]. 北京：中国建筑工业出版社，2009.

[6] R. Mehr，B. Hedges. Risk management in the business enterprise [M]. RD Irwin，1963.

[7] C. Williams，R. Heine. Risk management and insurance [M]. Mcgraw-Hill，1985.

[8] L. Edwards. Practical risk management in the construction industry [J]. Thomas Telford Services Limited，1995.

[9] A. Akintoye，M. MacLeod. Risk analysis and management in construction [J]. International Journal of Project Management，1997，15（1）：31-38.

[10] 顾孟迪，雷鹏. 风险管理 [M]. 北京：清华大学出版社，2009.

[11] B. Mulholland，J. Christian. Risk assessment in construction schedules [J]. Journal of Construction Engineering and Management，1999，125：8-15.

[12] A. Sakka，S. El-Sayegh. Float consumption impact on cost and schedule in the construction industry [J]. Journal of Construction Engineering and Management，2007，133（2）：124-130.

[13] F. Ballestìn. When it is worthwhile to work with the stochastic rcpsp? [J]. Journal of Scheduling, 2007, 10 (3): 153-166.

[14] Z. G. D., J. Bard, G. Yu. A two-stage stochastic programming approach for project planning with uncertain activity durations [J]. Journal of Scheduling, 2007, 10 (3): 167-180.

[15] R. Ashtiani, B. Leus, M. Aryanezhad. New competitive results for the stochastic resource-constrained project scheduling problem: Exploring the benefits of preprocessing [J]. Journal of Scheduling, 2011, 14 (2): 157-171.

[16] A. Taleizadeh, S. Niaki, M. Aryanezhad. Multi-product multiconstraint inventory control systems with stochastic replenishment and discount under fuzzy purchasing price and holding costs [J]. American Journal of Applied Sciences, 2009, 6 (1): 1-12.

[17] A. Taleizadeh, S. Niaki, M. Aryanezhad. Optimising multiproduct multichance-constraint inventory control system with stochastic period lengths and total discount under fuzzy purchasing price and holding costs [J]. International Journal of Systems Science, 2010, 41 (10): 1187-1120.

[18] D. Dubois, H. Prade. The three semantics of fuzzy sets [J]. Fuzzy Sets and Systems, 1997, 90 (2): 141-150.

[19] C. Liu, Y. Yueyue Fan, F. Ordvóñez. A two-stage stochastic programming model for transportation network protection [J]. Computers & Operations Research, 2009, 36: 1582-1590.

[20] P. Dutta, D. Chakraborty, A. Roy. A single-period inventory model with fuzzy random variable demand [J]. Mathematical and Computer Modelling, 2005, 41 (8): 915-922.

[21] Z. Zhang, J. Xu. A mean-semivariance model for stock portfolio selection in fuzzy random environment [R]. in industrial engineering and engineering management. in: IEEE International Conference on Industrial Engineering and Engineering Management. IEEE, 2008: 984-988.

[22] A. Shapiro. Fuzzy random variables [J]. Insurance: Mathematics and Economics, 2009, 44: 307–314.

[23] J. Xu, F. Yan, S. Li. Vehicle routing optimization with soft time windows in a fuzzy random environment [J]. Transportation Research Part E: Logistics and Transportation Review, 2011, 47 (6): 1075–1091.

[24] J. Xu, Z. Zhang. A fuzzy random resource–constrained scheduling model with multiple projects and its application to a working procedure in a large–scale water conservancy and hydropower construction project [J]. Journal of Scheduling, 2012, 15 (2): 253–272.

[25] J. Wang, X. Cai, G. Zhang. Analysis of economics loss from ecological deteriorationin typical ecological regions and division districts of china [J]. Environment Science, 1996, 17 (6): 5–8.

[26] K. Kuttner. Estimating potential output as a latent variable [J]. Journal of business & economic statistics, 1994, 12 (3): 361–368.

[27] T. Andersen, J. Lund. Estimating continuous–time stochastic volatility models of the short–term interest rate [J]. Journal of Econometrics, 1997, 77 (2): 343–377.

[28] O. Barndorff–Nielsen. Econometric analysis of realized volatility and its use in estimating stochastic volatility models [J]. Journal of the Royal Statistical Society: Series B Statistical Methodology, 2002, 64 (2): 253–280.

[29] A. Germani, C. Manes, P. Palumbo. State estimation of a class of stochastic variable structure systems [R]. in: Proceedings of the 41st IEEE Conference on Decision and Control, vol. 3, IEEE, 2002: 3027–3032.

[30] R. Kruse. The strong law of large numbers for fuzzy random variables [J]. Information Sciences, 1982, 28 (3): 233–241.

[31] R. Körner. On the variance of fuzzy random variables [J]. Fuzzy Sets and Systems, 1997, 92 (1): 83–93.

[32] Y. Liu, B. Liu. A class of fuzzy random optimization: expected value models [J]. Information Sciences, 2003, 155 (1): 89–102.

[33] J. Xu, Z. Zeng, B. Han, X. Lei. A dynamic programming-based particle swarm optimization algorithm for an inventory management problem under uncertainty [J]. Engineering Optimization, 2012.

[34] H. Hernrich. Industrial Accident Prevention [M]. 4th. McGraw-Hill Book Co., New York, 1959.

[35] T. Abdelhamid, J. Everett. Identifying root causes of construction accidents [J]. Journal of Construction Engineering and Management, 2000, 126 (1): 52-60.

[36] E. Hollnagel, S. Pruchnicki, R. Woltjer, S. Etcher. Analysis of comair flight 5191 with the functional resonance accident model [R]. in: Proceedings of the 8th International Symposium of the Australian Aviation Psychology Association, 2008, 107-114.

[37] T. Sheridan. Risk, human error and system resilience: Fundamental ideas [J]. Human Factors: The Journal of the Human Factors and Ergonomics Society, 2008, 50 (3): 418-426.

[38] D. Lee. Maximum energy release theory for recrystallization textures [J]. Metals and Materials International, 1996, 2 (3): 121-131.

[39] R. Nuismer. An energy release rate criterion for mixed mode fracture [J]. International Journal of Fracture, 1975, 11 (2): 245-250.

[40] D. Weaver. Symptoms of operational error [J]. Professional Safety, 1971, 16 (10): 17-23.

[41] F. Bird. Management guide to loss control [M]. Georgia: Institute Press, 1974.

[42] F. Bird, G. Germain. Practical loss control leadership [J]. International Loss Control Institute, 1986.

[43] F. Bird, R. Loftus. Loss control management [J]. Institute Press, 1976.

[44] G. Lim, S. Hong, D. Kim, B. Lee, J. Rho. Slump loss control of cement paste by adding polycarboxylic type slump-releasing dispersant [J]. Cement and Concrete research, 1999, 29 (2): 223-229.

[45] T. Speth, A. Gusses, R. Scott Summers. Evaluation of nanofiltration pretreat-

ments for flux loss control [J]. Desalination, 2000, 130 (1): 31-44.

[46] S. Zhang, H. Jin, X. Zhou. Behavioral portfolio selection with loss control [J]. Acta Mathematica Sinica, 2011, 27 (2): 255-274.

[47] A. Laufer, G. Stukhart. Incentive programs in construction projects: The contingency approach [J]. PM Journal, 1992, XXII (2): 23-30.

[48] 罗吉·弗兰根，乔治·诺曼. 工程建设风险管理 [M]. 李世蓉，徐波，译. 北京：中国建筑工业出版社，2000.

[49] 谢亚伟，金德民. 工程项目风险管理与保险 [M]. 北京：清华大学出版社，2009.

[50] O. Shean, D. Patin. Construction insurance: Coverages and disputes [M]. Michie, 1994.

[51] N. Bunni. Risk and insurance in construction [J]. Taylor & Francis, 2003.

[52] E. Lee, Y. Park, J. Shin. Large engineering project risk management using a bayesian belief network [J]. Expert Systems with Applications, 2009, 36 (3): 5880-5887.

[53] 丁士昭. 工程项目管理 [M]. 北京：中国建筑工业出版社，2006.

[54] J. Yagi, E. Arai, etc. Action-based union of the temporal opposites in scheduling: non-deterministic approach [J]. Automation in Construction, 2003, 12: 321-329.

[55] H. Ke, B. Liu. Project scheduling problem with mixed uncertainty of randomness and fuzziness [J]. European Journal of Operational Research, 2007, 183: 135-147.

[56] J. Mendes, J. Goncalves, M. Resende. A random key based genetic algorithm for the resource constrained project scheduling problem [J]. Computers & Operations Research, 2009, 36: 92-109.

[57] B. Liu. Uncertainty theory an introduction to its axiomatic foundations [M]. Heidelberg: Springer-Verlag, 2004.

[58] J. Blazewicz, J. Lenstra, K. Rinnooy. Scheduiling subject to resource constrains: Classification & complexity[J]. Discrete Applied Mathematics, 1983, 5: 11-24.

[59] J. Jozefowska, M. Mika, etc. Solving the discrete – containuous project scheduling problem via its discretization [J]. Mathematical Methods of Operations Research, 2000, 52: 489-499.

[60] Y. Yun, M. Gen. Advanced scheduling problem using constrained programming techniques in scm environment [J]. Computer & Industrial Engineering, 2002, 43: 213-229.

[61] A. Kumar, R. Pathak, etc. A genetic algorithm for distributed system topology design [J]. Computers and Industrial Engineering, 1995, 28: 659-670.

[62] K. Kim, M. Gen, M. Kim. Adaptive genetic algorithms for multi-recource constrained project scheduling problem with multiple modes [J]. International Journal of Innovative Computing, Information and Control, 2006, 2 (1): 41-49.

[63] Z. Michalewicz. Genetic Algorithm + Data Structure = Evolution Programs [M]. 3rd. New York: Springer-Verlag, 1996.

[64] J. K. Bandyopadhyay, O. J. Lawrence. Six sigma approach to quality assurance in global supply chains: A study of United [J]. International Journal of Management, 2007.

[65] J. Kidd, F. J. Richter, M. Stumm. Learning and trust in supply chain management: Disintermediation, ethics and cultural pressures in brief dynamic alliances [J]. International journal of logistics: Research and applications, 2003, 6 (4): 259-276.

[66] A. Nagurney, D. Matsypura. Global supply chain network dynamics with multicriteria decision-making under risk and uncertainty [J]. Transportation research part E-logistics and transportation review, 2005, 41 (6): 585-612.

[67] P. Pande, N. Neuman, C. Cavanagh. The Six Sigma way: How GE, Motorola, and other top companies are honing their performance [M]. New York: McGraw-Hill, 2000.

[68] K. S. Chin, A. Chan, J. B. Yang. Development of a fuzzy FMEA based product design system [J]. International journal of advanced manufacturing technology, 2008, 36: 633-649.

[69] M. Umano, S. Fukami. Fuzzy relational algebra for possibility distribution-fuzzy-relational model of fuzzy data [J]. Journal of intelligent information systems, 1994, 3 (1): 7-27.

[70] J. N. Choi, S. K. Oh, W. Pedrycz. Identification of fuzzy relation models using hierarchical fair competition-based parallel genetic algorithms and information granulation [J]. Applied mathematical modelling, 2009, 33 (6): 2791-2807.

[71] H. G. Zhang, et al. A fuzzy self-tuning control approach for dynamic systems [R]. International conference on automation, robotics and computer vision, 1992: 612-618.

[72] B. D. Liu. An introduction to its axiomatic foundations [M]. Heidelberg: Springer-Verlag, 2004.

[73] R. K. Schutt. Investigation the social world [M]. 2nd. USA: Pine Forge Press, 2001.

[74] W. Predrycz. An identification algorithm in fuzzy relation system [J]. Fuzzy Sets and Systems, 1984, 13: 153-167.

[75] H. Kang, G. Vachtsevanos. Adaptive fuzzy logic control [R]. Proc. 30th American Control Conference, 1992: 2279-2283.

[76] F. Wen. Water conservancy sector advances to market [J]. Beijing Review, 1998, 41 (5/6): 17-19.

[77] J. Wang. State of the Market Preview [J]. Beijing Review, 2004, 49 (17): 42-43.

[78] S. Elmaghraby. Activity networks: Project planning and control by network models [M]. New York: Wiley, 1977.

[79] S. Hartmann, D. Briskorn. A survey of variants and extensions of the resource constrained project scheduling problem [J]. Journal of Operational Research, 2010, 207 (1): 1-14.

[80] H. Tareghian, S. Taheri. On the discrete time, cost and quality trade-off problem [J]. Applied Mathematics and Computation, 2006, 181 (1): 1305-1312.

[81] J. Xu, L. Yao. Random-like multiple objective decision making [J].

Springer, 2010.

[82] W. Feller. An introduction to probability theory and its application [M]. New Jersey: Wiley, 1971.

[83] R. Durrett. Probability: theory and examples [M]. Cambridge: Cambridge University Press, 2010.

[84] S. Nahmias. Fuzzy variables [J]. Fuzzy Sets and Systems, 1979, 1: 97-110.

[85] J. Xu, X. Zhou. A class of fuzzy expectation multi-objective model with chance constraints based on rough approximation and it's application in allocation problem [J]. Information Sciences, 2010.

[86] R. Jeroslow. The polynomial hierarchy and a simple model for competitive analysis [J]. Mathematical Programming, 1985, 32: 146-164.

[87] 滕春贤, 李智慧. 二层规划的理论与应用 [M]. 北京: 科学出版社, 2002.

[88] E. Zitzler, K. Deb, L. Thiele. Comparison of multiobjective evolutionary ag1orithms: Empirical results [J]. Evolutionary Computation, 1999, 8: 173-195.

[89] G. Liu, J. Han, S. Wang. A trust region algorithm for bilevel programming problems [J]. Chinese Science Bulletin, 1998, 43: 820-824.

[90] J. Sohn, T. Kim, G. Hewings, J. Lee, S. Jang. Retrofit priority of transport network links under an earthquake [J]. Journal of Urban Planning and Development, 2003, 129 (4): 195-210.

[91] S. Werner, C. Taylor, J. Moore, J. Walton. Seismic retrofitting manuals for highway systems [J]. MCEER, 2008.

[92] C. Jasch. The use of environmental management accounting (ema) for identifying environmental costs [J]. Ournal of Cleaner Production, 2003, 11: 667-676.

[93] R. Cooper. The rise of activity-based costing part one: What is an activity-based cost system? [J]. Journal of Cost Management, 1988, 2: 34-54.

[94] X. Xiao. Theory of Environment Cost [M]. Beijing: China Financial & Economic Publishing House, 2002.

[95] G. Zhang, J. Lu, T. Dillon. Decentralized multi-objective bilevel decision mak-

ing with fuzzy demands [J]. Knowledge-Based systems, 2007, 20 (6): 495-507.

[96] L. Zadeh. Fuzzy sets [J]. Information Control, 1965: 8.

[97] D. Dubois, H. Prade. Possibility theory: An approach to computerized processing of uncertainty [M]. New York: Plenum Press, 1988.

[98] R. Jeroslow. The polynomial hierarchy and a simple model for competitive analysis [J]. Mathematical Programming, 1985, 32: 146-164.

[99] J. Bard. Some properties of the bilevel programming problem [J]. Journal of Optimization Theory and Applications, 1991, 68 (2): 371-378.

[100] J. Bard, J. Falk. An explicit solution to the multi-level programming problem [J]. Computers and Operations Research, 1982, 9: 77-100.

[101] L. Case. An l1 penalty function approach to the nonlinear bilevel programming problem [D]. Thesis: University of Waterloo, 1999.

[102] J. Fortuny-Amat, B. McCarl. A representation and economic interpretation of a two-level programming problem [J]. Journal of the Operational Research Society, 1981, 32: 783-792.

[103] Y. Gao, G. Zhang, J. Lu, H. Wee. Particle swarm optimization for bi-level pricing problems in supply chains [J]. Journal of Global Optimization, 2011, 51 (2): 245-254.

[104] B. Lucio, C. Massimiliano, G. Stefano. A bilevel flow model for hazmat transportation network design [J]. Transportation Research Part C, 2009, 17: 175-196.

[105] L. Vicente, G. Savard, J. Júdice. A linear bilevel programming algorithm based on bicriteria programming [J]. Descent approaches for quadratic bilevel programming, 1994, 81: 379-399.

[106] J. Kennedy, R. Eberhart. Particle swarm optimization [R]. in: International Conference on Neural Networks, vol. 4, IEEE, 1995: 1942-1948.

[107] R. Poli, J. Kennedy, T. Blackwell. Particle swarm optimization [J]. Technological Forecasting and Social Change, 2007, 1 (1): 33-57.

[108] I. Trelea. The particle swarm optimization algorithm: convergence analysis and

parameter selection [J]. Information processing letters, 2003, 85 (6): 317-325.

[109] F. Van den Bergh, A. Engelbrecht. A cooperative approach to particle swarm optimization [R]. IEEE Transactions on Evolutionary Computation, 2004, 8 (3): 225-239.

[110] G. Venter, J. Sobieszczanski-Sobieski. Particle swarm optimization [J]. AIAA journal, 2003, 41 (8): 1583-1589.

[111] V. Kachitvichyanukul. A particle swarm optimization for the vehicle routing problem with simultaneous pickup and delivery [J]. Computers & operations research, 2009, 36 (5): 1693-1702.

[112] P. Pongchairerks, V. Kachitvichyanukul. A non-homogenous particle swarm optimization with multiple social structures [R]. in: Proceedings of the International Conference on Simulation and Modeling 2005, 2005.

[113] G. Ueno, K. Yasuda, N. Iwasaki. Robust adaptive particle swarm optimization [R]. in: IEEE International Conference on Systems, Man and Cybernetics, vol. 4, IEEE, 2005: 3915-3920.

[114] T. Ai. Particle swarm optimization for generalized vehicle routing problem [D]. Thesis: Asian Institute of Technology, 2008.

[115] M. James, J. Baras, R. Elliott. Risk-sensitive control and dynamic games for partially observed discrete-time nonlinear systems [R]. IEEE Transactions on Automatic Control, 1994, 39 (4): 780-792.

[116] F. Goniil, M. Shi. Optimal mailing of catalogs: A new methodology using estimable structural dynamic programming models [J]. Management Science, 2009, 44 (9): 1249-1262.

[117] 李纯青，赵平，徐寅峰. 动态客户关系管理的内涵及其模型 [J]. 管理工程学报，2005，19 (3)：121-126.

[118] 李纯青，姬升良，董铁牛. 动态客户关系管理模型及应用 [J]. 西安工业学院学报，2003，23 (4)：355-360.

[119] 胡理增. 面向供应链管理的物流企业客户关系管理研究 [D]. 南京：南京理工大学，2006.